# 山区生态补偿标准研究

傅　斌　徐　佩　王玉宽
逯亚峰　刘　菊　任　静　著

科学出版社
北　京

## 内 容 简 介

本书在系统回顾生态补偿标准研究的基础上，结合我国西部山区复杂多样的自然环境特点，介绍如何采用地理信息系统和生物物理模型，对生态补偿标准的两个核心内容，即生态系统服务价值和生态补偿的成本核算进行了空间明确的评估。在此基础上，进一步分析与生态补偿有关的支付意愿和受偿意愿，提出针对不同补偿方案的补偿标准。最后指出在山区开展生态补偿，需要进行空间优化，以提升补偿效率。

本书可供从事资源、环境、生态、经济、管理等领域的科研人员，水利、环保、国土等部门的管理者以及高等院校相关专业师生阅读参考。

**图书在版编目(CIP)数据**

山区生态补偿标准研究 / 傅斌等著. —北京：科学出版社，2016.12

ISBN 978-7-03-051127-0

Ⅰ.①山… Ⅱ.①傅… Ⅲ.①山区-生态环境-补偿机制-研究-中国 Ⅳ.①X321.2

中国版本图书馆 CIP 数据核字（2016）第 313843 号

责任编辑：李小锐 唐 梅 / 责任校对：韩雨舟
封面设计：墨创文化 / 责任印制：罗 科

**科 学 出 版 社** 出版

北京东黄城根北街16号
邮政编码：100717
http://www.sciencep.com

**成都锦瑞印刷有限责任公司** 印刷

科学出版社发行 各地新华书店经销

＊

2016 年 12 月第 一 版 开本：787×1092 1/16
2016 年 12 月第一次印刷 印张：9
字数：213 千字
定价：92.00 元
（如有印装质量问题，我社负责调换）

# 前　　言

　　生态补偿是建设生态文明的重要途径。尽管其重要性、必要性和紧迫性已经得到社会各界的广泛认同，中央和地方都陆续进行了各种尝试，但是由于问题的复杂性使得现有研究多停留在理论层面，可操作性比较欠缺。

　　本书针对西部山区自然和人文要素具有高度空间异质性的特点，重点研究具有空间化的生态补偿标准制定方法。以四川省宝兴县为研究区，采用生态服务评估模型，对关键生态系统服务的水源涵养、土壤保持、碳吸收和生物多样性进行评价。基于成本－价值理论，提出生态补偿的成本构成包括保护成本、环境成本和机会成本。利用地理信息系统，开发生态补偿成本空间化评估模型，采用林业、环保、农业等部门的统计资料，对生态补偿成本进行空间制图。通过权衡生态服务价值和生态补偿的成本构成，提出按生态系统服务、生态系统类型和生态保护地的补偿标准。然后根据问卷调查，分析农户的受偿意愿，城镇居民的支付意愿和支付能力。最后采用最大熵模型 Marxan，提出不同保护目标下的生态补偿优先区，为实施生态补偿提供可行的方案。

　　本书的研究得到了中国科学院"西部之光"项目"基于 GIS 的生态补偿标准"和国家自然科学基金项目"三峡库区生态系统服务与农户生计耦合关系与调控机制"的资助。感谢四川省环保厅对外合作中心对课题的支持。感谢四川省宝兴县环保局，在课题实施过程中对资料收集的协作。感谢郑华、陈国阶、李晟之等专家对课题的设计和实施给予的建议。在本书的写作过程中，作者参考了大量相关的文献资料，向所有参考文献作者表示感谢，由于整理过程中难免有处理不当之处，在此向相关作者表示歉意。

　　生态补偿研究涉及自然科学与社会科学等多个领域，问题极为复杂。本书试图借鉴国际上的新理论和新方法，进行生态补偿标准的研究，由于作者水平有限，书中错误和不足在所难免，敬请有关专家和读者批评指正。

作　者

2016 年 8 月于成都

# 目　　录

# 第 1 章　绪　　论

本章从社会背景、经济背景、学科背景和立项情况介绍研究的背景，然后对研究的目标、国内外研究进展和研究方法进行介绍。

## 1.1　研究背景

生态补偿并不是新近提出的理念，早在 20 世纪 70 年代，国家计划委员会以计〔1978〕808 号文件批准国家林业总局三北防护林体系建设工程，这是新中国成立以来最早实施的生态补偿工程。随后又相继启动的天然林保护工程、退耕还林工程等六大林业工程，全面推动生态保护与建设。2012 年国家发展与改革委员会启动了生态补偿条例的起草工作，标志着生态补偿制度建设进入快车道。

### 1.1.1　生态补偿的社会背景

国家对生态补偿的高度重视反映了当前我国面临的巨大环境压力和发展失衡的社会背景。改革开放以来 30 年的经济高速增长，使得社会发展水平显著提高，但是也带来了突出的区域发展失衡，东西部差距日益明显等问题，其中最关键的是资源环境的开发利用。西部地区为东部地区的发展提供了大量的人力、矿产、能源等资源，但是在社会发展上远远落后于东部地区，同时还要面对资源不合理开发带来的环境退化等问题，以及承担保障国家生态安全的责任。党的十八大明确提出，建设生态文明社会，到 2020 年实现全面小康，西部地区特别是山区成为影响这一宏伟目标实现的关键。由于西部地区面临的复杂的历史和现实问题，实现小康不能仅依靠西部地区自身，更需要国家层面的支持和协调。生态补偿制度的建立将有效改变当前的资源环境保护和利用中的不合理状况，促进西部地区与全国的同步小康。

### 1.1.2　生态补偿的经济背景

在全球化和区域一体化的国际经济发展趋势下，经济发展转型以适应新的社会分工已经成为必然。因此，国家提出的经济转型成为一种常态。西部地区如何实现经济转型更是一个挑战。西部地区不能仅仅停留在被动接受东部的产业转移的发展道路上，更需要通过制度创新，充分利用西部地区丰富的资源来发展生态经济。目前，碳交易、绿色产品认证、生态旅游等经济模式为西部实现经济转型提供了有益的参考。在我国社会主义特色体制下，生态经济的发展需要政策和制度的创新才能实现。生态补偿的核心是生态价值与经济价值有效的结合，通过创新不同的模式，对生态服务功能的补偿实现生态价值和社会价值在不同利益群体间的合理流动，最终实现整体的生态效益、经济效益和社会效益的最优化。

### 1.1.3 生态补偿的学科背景

生态补偿的研究具有很强的综合性，需要应用生态学、地理学、土壤学、植物学、水文学等自然科学的知识，同时又涉及宗教、文化、法律、管理等社会科学。因此，生态补偿的研究过程显得极为复杂。这也是生态补偿研究难以应用的重要原因，同时也是生态补偿研究需要拓展和深化的重要动力。国内外大量学者从不同层次、不同角度、不同类型对此进行了大量研究，案例分布在拉美、非洲、亚洲等地，涉及森林、草地、湿地等不同生态系统，探讨的科学问题包括了补偿机制的建立途径、法律的保障、如何实现、效益评估等。但是还存在大量问题没有得到有效解决。因此，利用生态评估模型整合多学科的知识成为促进生态补偿从研究到实践的有效途径之一。

### 1.1.4 课题的立项背景

尽管生态补偿的重要性、必要性和紧迫性已经得到广泛的认可，但是由于生态补偿涉及的利益相关方较多、学科交叉性强使得理论研究不足，大量精细科学数据的缺失使得现有研究多停留在理论层面，可操作性的设计比较欠缺。中国科学院"西部之光"人才计划资助了本课题：基于 GIS 的生态补偿标准研究。本书针对西部山区的自然和人文要素高度空间异质性的特点，探索在西部典型地区开展生态补偿的方式，重点研究生态补偿标准的空间化制定方法。研究区宝兴县是全球生物多样性保护的热点地区，这种情况在西部地区极为典型。以宝兴县为对象开展生态补偿的研究，可以探索出一种适合西部地区的生态补偿模式，既能够集成目前有关生态补偿研究的最新成果，又能充分考虑到西部地区自然与社会特点，特别是区域差异大，发展不平衡的问题，具有较强的可操作性，并与国家层次实施的生态补偿进行有机结合，最终起到在西部地区进行推广示范的作用。

## 1.2 研究目标

本书以西部山区典型县——宝兴县为对象，针对目前比较普遍的中央财政转移支付形式的生态补偿，开展生态补偿标准研究；利用地理信息系统，从补偿内容、补偿范围、补偿对象等方面综合考虑补偿标准的制定方法，制定具有空间差异的县域生态补偿标准。

## 1.3 国内外研究进展

本节首先回顾国内外的生态补偿政策，然后从生态系统的补偿、基于资源开发的生态补偿、保护地的生态补偿和流域保护综合补偿分析现有的补偿标准，最后进行简单评述。

## 1.3.1　生态补偿政策回顾

**1. 国外生态补偿政策**

欧洲是最早开始进行生态补偿的地区，之后亚洲、北美、中美洲和澳洲都陆续开展了各种生态补偿项目和制度的实践。早期主要针对森林的管理进行补偿，随后扩展到矿产开发、生物多样性保护、碳吸收功能以及流域综合保护等。

1）森林生态补偿

1852年奥地利政府制定了《森林法》，首次将永续利用作为林业发展的指导方针。1976年奥地利议会通过的新《森林法》，明确森林的四大功能，即木材生产、保护环境、改善环境和提供休闲场所[1]。巴西政府自1875年以政府向部分行业征收约25％的税收，用于公益林建设[2]。1896年日本修改《森林法》，将保存林改为保安林，规定国家要向农户补偿其由于被划为保安林而遭受的损失[3,4]。英国在1945年和1947年分别通过一个关于林业补助法案，两个法案均规定了私有土地永远用于造林的补助方法，1974年增加第三种补助方法[5]。1946年法国设立国民林业基金会开展森林生态补偿[6,7]，资金来源于林业税收的78％。1967年芬兰议会通过了《森林改造法》，并且设立了森林改造资金，该资金由国家预算拨款，用于支持林地所有者进行森林改造等林业活动[8,9]。1984年澳大利亚政府制定热带雨林(热带雨林面积占该国林地总面积的4.3％)保护政策，该政策明确规定严禁采伐利用任何热带雨林，并且由政府出资来补偿林主的损失。

2）土地休耕补偿

1956年美国提出了名为土壤银行的生态补偿计划，开始了对农田生态系统的补偿，主要目的是减少土壤侵蚀[10]。该计划由两个部分组成：①耕地储备计划，农场主与政府签订为期1年的合同，将部分耕地休耕地，政府补贴不低于耕种这些土地的纯收入；②水土储备计划，将部分耕地退耕还林，农户可获得地租补贴和部分水土保持设施补贴[11]。到1980年美国又提出了土地保护计划，对每公顷休耕土地每年补助705美元。此后，美国又相继出台了《农业法》（1996）和《农业法》（2002），明确规定了对农业环境保护计划实施政府补偿的法律制度[12-14]。

3）土地保护

2000年澳大利亚提出盐度战略，保护土地免受盐渍化，具体方式是采用盐分排放许可证进行生态补偿[15,16]。

4）水资源保护补偿

日本于1972年发布的《琵琶湖综合开发特别措施法》是建立对水源区综合利益补偿机制的较早实践[17,18]。20世纪80年代，法国一家公司为了保证矿泉水水质，开展了水质保护的生态补偿项目，这是著名的毕雷矿泉水项目[19-21]。1994年美国纽约州为保证纽约市供水，设立了水资源保护项目，其中农业项目通过休耕减少农业非点源污染，流域协议项目开展土地认购和流域保护付费，流域森林项目进一步扩大森林保护的范围[22,23]。

5）流域综合保护补偿

流域综合保护补偿是针对多个保护目标的生态补偿。1990 年德国和捷克达成了共同整顿治理易北河的协议，并且成立了双边合作组织。整治的主要目的包括长期改良农业用水的灌溉质量、保持易北河流域的生物多样性，以及减少流域两岸污染物排放量[24,25]。1993 年哥伦比亚在补偿资金的筹措上征收生态服务税，专门用于流域保护[26,27]。1998 年厄瓜多尔建立信用基金促进流域保护[28]。

6）矿产开发的生态补偿

针对矿产开发的生态补偿相对较少。1977 年美国颁布《露天采矿管理与环境修复法》，对法律颁布后的开采实行"谁开采，谁复垦"，对颁布前的矿山通过复垦基金恢复治理，使得全美矿山复垦率达到 85%[29,30]。

7）生物多样性保护

生物多样性保护是生态补偿的重点领域。1990 年英国提出北约克莫尔斯农业方案，对促进并增强自然景观和野生动植物价值的农场主提供补偿[31,32]。1992 年瑞士提出生态补偿区域计划和生态税，瑞士联邦农业法依据农业的可持续性对三种层次的农业发展（特定的生物类型、更高的生态标准和有机农业）提供财政和补偿支持[33]。1993 年荷兰开展了商业性药材开发的生物多样性补偿，内容包括分配所有权、许可证和特许开采权利金[34]。

8）碳吸收服务补偿

碳吸收服务是近年来生态补偿的热点。实施碳交易项目较多的是澳大利亚[35]和哥斯达黎加。前者有温室灌木林项目和西澳大利亚生物碳倡议等，后者有 Protoype 碳基金——可再生能源基金和生态土地等项目。但碳交易项目也存在一些问题，如乌干达实施的碳消减项目。该项目由挪威森林公司建立补助基金，其目标是产生可持续发展的林木，同时还有碳回报[36,37]，但项目存在雇用人数减少、水资源减少、政府收益减少等问题。

**2. 我国生态补偿政策**

我国的生态补偿开展较早。20 世纪 70 年代开始的三北防护林体系建设工程，是新中国成立以来最早实施的生态补偿，之后又相继启动的退耕还林工程、京津风沙源治理工程、天然林保护工程等六大林业工程，全面推动生态保护与建设。1998 年我国修改的森林法规定："国家设立森林生态效益补偿基金，用于提供生态效益的防护林和特种用途林的森林资源、林木的营造、抚育、保护和管理"。2002 年国务院出台了《退耕还林条例》，明确规定了退耕还林的规划计划、验收、补助、保障措施和法律责任。2008 年修订的《水污染防治法》是第一次以法律的形式，明确规定了水环境生态保护补偿机制："国家通过财政转移支付等方式，建立健全对位于饮用水水源保护区区域和江河、湖泊、水库上游地区的水环境生态保护补偿机制"。2010 年修订的《中华人民共和国水土保持法》，第三十一条指出："国家加强江河源头区、饮用水水源保护区和水源涵养区水土流失的预防和治理工作，多渠道筹集资金，将水土保持生态效益补偿纳入国家建立的生态效益补偿制度"。在巩固现行生态补偿法律制度的基础上，进一步丰富了生态补偿的内容。2013 年国家发展与改革委员会启动了生态补偿条例的起草工作。

## 1.3.2 国内外生态补偿政策对比

**1. 补偿时限**

生态补偿在欧洲开展得较早,其他地区相对较晚,自 20 世纪 80 年代以来,在国外逐渐成为生态保护的主流。我国生态补偿与国外基本同步,在实施期限上也类似。从实施期限看,美国土壤银行从 20 世纪 50 年代一直持续实施到现在,合同期分为 5 年和 10 年,我国的退耕还林也类似,第一期 8 年,第二期也已经开始实施。我国部分地方还出台了配套政策以增强持续性,如四川省成都市人民政府制定《关于完善退耕还林政策的实施意见》(成府发[2008]6 号)文件,市财政按照退耕还林地每年每公顷 600 元的标准,建立了成都市巩固退耕还林成果专项配套资金用于巩固退耕还林成果市级专项配套项目的建设。

**2. 补偿对象**

国外研究生态补偿的对象主要是人,生态补偿将生态环境系统资源转移到经济系统,而生态环境系统的亏空和损失无法弥补。生态补偿不应该仅仅是对"人"付费的概念,最终要对生态环境系统的物质和能量进行补偿,生态补偿活动绝不能到产权人就停止,而必须由他们代理出资人完成生态补偿活动,使环境容量得到恢复[38]。

我国的生态补偿最早是以工程的形式,重点是自然生态,对社会经济考虑不足,如三北防护林减少以生态效益为主要目标,农户没有作为受偿的主体[39],这种现象持续到现在,退耕还林和林权改革对此有所改善,但是还没真正改变这种局面。

**3. 补偿效果**

生态补偿项目的生态效益比较明显,特别是退耕还林和美国的土地休耕计划,因为显著降低了对自然的扰动。对于 CRP 项目的评价来看,学者认为净效益很突出,十年超过 20 亿美元,并且是在去除了很多的管理成本后[40]。但是对经济和社会方面的影响缺乏效果评价,但是就已经实施的来看,尽管取得了一些效果,但也存在一些问题,如乌干达的碳吸收项目存在政府收益减少和地表水减少的问题;美国的土地休耕计划在农产品价格上涨时,农民不愿意续签合同,并且还有边退耕边开荒的现象等。

我国对生态工程的效益评价不够系统和全面,已有的评价较多针对退耕还林[41-43],也有对三北防护林的效益分析[44,45]。现有评价指出我国现有补偿的针对性不强,生态工程的效益不显著,甚至生态退化的问题。

**4. 补偿方式的多样性**

国外的多样性更突出,表现在各个方面,政策上有生态税、生态产品认证、生态基金、补贴、排污权交易[46]等多种方式[47]。国内尽管开展了大量的研究和探索,但真正实施的主要方式还是政府通过补贴购买服务的形式，补偿方式相对单一。

**5. 补偿机制的灵活性**

由于补偿具有显著的时代特征，并且实施期限较长，需要对补偿机制进行及时的修改和调整，以适应新的变化。这方面国内外都很少报道，但也有一些案例，如美国土壤银行的补偿方式有几种，相比之下，我国的补偿就较为固定，退耕还林的标准很多年都不变[48]。考虑到国外的社会经济发展相对稳定，我国正处在快速发展的阶段，更需要对补偿机制进行灵活设计，充分考虑补偿标准的动态调整，以及补偿方式的多样性。

**6. 国外经验在国内应用的难点**

很多研究从不同角度对国外生态补偿的经验进行了总结，也提出了我国开展生态补偿的一些建议。但是除少数案例外，目前的研究对全国生态补偿开展的影响并不明显，造成我国在生态补偿理论和实践上的显著脱节。原因有很多方面，其中比较关键的是如何把国际经验与当前的国情结合。主要原因有两点：①土地所有权的差别，国外基本是土地私有，我国是土地公有制，但又存在个人、集体和国家多种权属的问题；②中国人均耕地面积较小，低标准的补偿对于生计改善的作用有限，而国外由于农户耕地面积大，低标准的补偿下也可以达到高的补偿总额，对生计维持作用比较明显。

## 1.3.3　针对生态系统的生态补偿标准

生态补偿标准的研究重点主要集中在标准的数值范围、制定方法、依据、空间化、动态化特征等方面。对于不同的生态系统类型，生态补偿标准也不尽相同。

**1. 森林**

关于森林的生态补偿研究较多[49,50]，涉及产品供给、水源涵养、土壤保持等多种生态服务，其中，有的研究仅针对单项服务提出补偿标准，有的研究针对几种服务制定补偿标准[51]。我国目前主要实施的森林生态补偿项目主要有天然林保护工程、退耕还林工程、生态公益林补偿等，其具体标准见表1-1。

**表 1-1　我国森林生态补偿标准**

| 项目 | | 补偿标准 | 实施时间 | 实施地点 | 来源 |
|---|---|---|---|---|---|
| 天然林保护工程一期 | 管护补助 | 26.25 元/(hm²·a) | 1998~2010 年 | 17 个省的重点国有林区 | 《长江上游黄河中上游地区天然林资源保护工程实施方案》、《东北内蒙古等重点国有林区天然林资源保护工程实施方案》 |
| | 封山育林 | 210 元/(hm²·a) | | | |
| | 飞播造林 | 750 元/(hm²·a) | | | |
| | 人工造林 | 长江上游地区：3000 元/(hm²·a) 黄河上中游地区：4500 元/(hm²·a) | | | |

续表

| 项目 | | 补偿标准 | 实施时间 | 实施地点 | 来源 |
|---|---|---|---|---|---|
| 天然林保护工程二期 | 管护补助 | 45、75、150 元/(hm² · a) | 2011~2020 年 | 17 个省；新增丹江口库区 11 个县 | 《长江上游黄河中上游地区天然林资源保护工程二期实施方案》、《东北内蒙古等重点国有林区天然林资源保护工程二期实施方案》 |
| | 封山育林 | 1050 元/(hm² · a) | | | |
| | 飞播造林 | 1800 元/(hm² · a) | | | |
| | 人工造林 | 长江上游地区：4500 元/(hm² · a)；黄河上中游地区：4500 元/(hm² · a) | | | |
| 退耕还林 | | 长江流域及南方地区粮食补助 2250 kg/(hm² · a)；黄河流域及北方地区粮食补助 1500kg/(hm² · a)；现金补助 300 元/(hm² · a)；种苗和造林补助 750 元/(hm² · a)； | 1999~2010 年 | 全国 | 《国务院关于进一步做好退耕还林还草试点工作的若干意见》 |
| 新一轮退耕还林 | | 22500 元/hm²（第一年 12000 元/hm²、第三年 4500 元/hm²、第五年 6000 元/hm²） | 2011~2020 年 | 全国 | 《新一轮退耕还林还草总体方案》 |
| 生态公益林补偿 | | 国有的国家级公益林 75 元/(hm² · a)；集体和个人所有的国家级公益林 75 元/(hm² · a)（2004 ~ 2009 年）、150 元/(hm² · a)（2010~2012 年）、225 元/(hm² · a)（2013 年至今） | 2004 年至今 | 全国 | 《中央财政森林生态效益补偿基金管理办法》 |

#### 1）天然林保护

天然林资源保护工程（简称天保工程）主要目标是解决我国天然林资源的休养生息和恢复发展的问题[52]。天保工程涉及的范围：①长江上游地区，以三峡库区为界，包括四川、湖北、重庆、云南、贵州、西藏 6 省（区、市）；②黄河上中游地区，以小浪底库区为界，包括山西、河南、内蒙古、甘肃、宁夏、陕西、青海 7 省（区）；③东北、内蒙古等重点国有林区，包括黑龙江、内蒙古、吉林、海南、新疆 5 省（区）。这 17 个省（区、市）分布有天然林 0.73 亿 hm²，占全国天然林面积（1.07 亿 hm²）的 68.2%。

天保一期（1998~2010 年）在长江上游、黄河上中游地区累计投入资金达 598 亿元，其中：中央投入 560 亿元，占 93.6%；地方配套 38 亿元，占 6.4%。总投入分为两部分，基础建设投入和财政专项资金投入。基础建设投入主要用于黄河中上游、长江上游地区的封山育林、人工造林、飞播造林、种苗基础设施建设、森林防火以及其他项目建设。其中，封山育林每年补助 210 元/hm²，连续补 5 年，长江上游地区人工造林补助 3000 元/hm²，黄河上中游地区人工造林补助 4500 元/hm²，飞播造林补助 750 元/hm²。财政专项资金投入主要用于管护事业费、医疗卫生、职工养老保险社会统筹费补助、企业教育、公检法司等社会性支出补助，富余职工一次性安置费补助，下岗职工基本生活保障费补助及地方财政减收补助等。截至 2010 年，森林面积净增 840 万 hm²，森林蓄积净增 4.52 亿 m³，转岗分流安置 18.4 万人，天然林资源得到休养生息和恢复发展，林区的经济结构也得到逐步优化。

由于天保工程区森林资源长期过度采伐，恢复和发展也需要一定时间，应实行长期保护，分期实施。结合国民社会经济发展规划，天保工程二期时间为 10 年（2011～2020年），天保工程二期实施范围在一期范围不变的基础上，增加丹江口库区 11 个县（区、市）。天保工程二期总投入资金 2440.2 亿元，其中中央投入 2195.2 亿元，地方投入 245亿元。主要任务是继续加强森林管护，管护森林面积 7773 万 $hm^2$；加强公益林建设，完成公益林建设 773 万 $hm^2$，其中封山育林 473 万 $hm^2$、人工造林 203 万 $hm^2$、飞播造林93 万 $hm^2$；完成国有中幼龄林抚育 466 万 $hm^2$；通过落实天保工程政策和工程项目，提高了职工和林农收入，明显增加林区就业，并且健全完善社会保障体系，使林区职工收入和社会保障接近或达到社会平均水平。补助标准较一期有所提高，其中森林管护国有林每年补助 75 元/$hm^2$、集体所有的国家公益林每年补助 150 元/$hm^2$、集体所有的地方公益林每年补助 45 元/$hm^2$；封山育林每年补助 1050 元/$hm^2$，连续补 5 年；长江上游地区人工造林补助 4500 元/$hm^2$，黄河上中游地区人工造林补助 4500 元/$hm^2$；飞播造林补助 1800 元/$hm^2$。

2）退耕还林

退耕还林工程于 1999 年开始试点。2000 年颁布的《中华人民共和国森林法实施条例》第二十二条中明确规定：25°以上的坡耕地应当按照当地人民政府制定的规划，逐步退耕，植树种草。退耕还林工程主要包含水土流失、风沙危害严重的重点地区。试点范围涉及长江上游的湖北、重庆、贵州、云南、四川和黄河上中游地区的山西、陕西、河南、甘肃等 12 个省区及新疆生产建设兵团。

2002 年退耕还林工程正式全面启动，其范围扩大到湖南、陕西、黑龙江、甘肃、四川等 25 个省区市和新疆生产建设兵团。1999～2005 年，国家累计安排的退耕还林任务为2293 万 $hm^2$，其中退耕地造林 900 万 $hm^2$，宜林荒山荒地造林 1260 万 $hm^2$，封山育林133 万 $hm^2$。截至 2005 年底，中央对已经安排的退耕还林任务总的投资已经达到1030 亿元，其中在总的补助中包括日常开支补助、粮食补助费、种苗补助费。国家给农民补偿退耕后农民教育、医疗等必要的日常开支，即每年每公顷退耕地补助 300 元；退耕还林还草和宜林荒山荒地造林种草，由国家提供 750 元/$hm^2$ 的种苗补助；每公顷退耕地补助粮食标准，长江上游地区 2250kg，黄河上中游地区为 1500kg。补助年限为还生态林补助 8 年、还经济林补助 5 年以及还草补助 2 年。

新一轮退耕还林还草采取"自下而上、上下结合"的方式实施，2011～2020 年，将全国具备条件的坡耕地和严重沙化耕地（共约 283 万 $hm^2$）进行退耕还林还草。其中包括：25°以上坡耕地 145 万 $hm^2$，严重沙化耕地 113 万 $hm^2$，丹江口库区和三峡库区 15°～25°坡耕地 25 万 $hm^2$。新一轮退耕还林补助标准为 22500 元/$hm^2$，资金分三次下达，第一年每公顷 12000 元（其中种苗造林费 4500 元）、第三年每公顷 4500 元、第五年每公顷6000 元。

3）生态公益林补偿

财政部和林业部于 1996 年 12 月共同行文：《森林生态补偿基金征收暂行办法有关协

调情况的报告》上报国务院，请示国务院尽快颁布。1998 年国家新颁森林法第八条以法律形式把"建立林业基金制度"、"国家设立森林生态补偿基金"予以明确。新疆、内蒙古、云南省思茅地区、广东省、湖南省、四川省、甘肃省、宁夏回族自治区、北京市、湖北省等省、市、自治区及县、地区都以各自政府的名义颁发建立森林生态效益补偿制度的文件，基本上都是按照谁受益向谁征收的原则，征收生态效益补偿费。

2001 年中央财政建立森林生态效益补助基金，专项用于重点公益林的保护与管理，试点范围包括辽宁、河北等 11 个省(区)。随后，根据《中华人民共和国森林法》和中共中央、国务院《关于加快林业发展的决定》(中发[2003]9 号)，各级政府按照事权划分建立森林生态效益补偿基金来保护公益林资源，维护生态安全。并且中央财政安排专项资金建立中央财政森林生态效益补偿基金(简称中央财政补偿基金)，规范并加强中央财政补偿基金管理。中央财政补偿基金是森林生态效益补偿基金的重要来源，用于重点公益林的营造、抚育、保护和管理。重点生态公益林是指生态状况极为脆弱或者生态地位极为重要，对国土生态安全、生物多样性保护和经济社会可持续发展具有重要作用，以提供森林生态和社会服务产品为主要经营目的重点防护林和特种用途林。重点生态公益林一般位于江河源头、湿地、自然保护区、水库等生态地位重要的区域。

中央森林生态效益补偿基金于 2004 年正式建立，其补偿基金的数额由 10 亿元增加到 20 亿元，补偿面积由 1300 万 hm² 增加到 2600 万 hm²，纳入补偿范围的区域由 11 个省区扩大到全国。补偿标准为国有的国家级公益林每年 75 元/hm²；而集体和个人所有的国家级公益林每年 75 元/hm²(2004～2009 年)、150 元/hm²(2010～2012 年)、225 元/hm²(2013 年至今)。

**2. 草地**

在借鉴国内外其他领域生态补偿研究与实践的基础上，国内相关学者开展了对草地生态补偿概念、补偿机制、重要性、补偿标准和实施途径等方面的理论研究与实践[53-55]，但目前整体上仍然处于探索阶段。我国目前主要实施的草地生态补偿项目主要有退牧还草工程、退耕还草工程和草原生态保护补助奖励机制，其具体标准见表 1-2。

表 1-2 我国草地补偿标准

| 项目 | 补偿标准 | 实施时间 | 实施地点 | 来源 |
|---|---|---|---|---|
| 退牧还草 | 全年禁牧补助饲料粮 82.5 kg/(hm²·a)；季节性轮休 3 个月补助饲料粮 20.6 kg/(hm²·a)；围栏建设 247.5 元/hm² | 2001～2010 年 | 西部 11 个省区 | 《2001～2010 年全国草原生态保护建设规划》 |
| 新一轮退耕还草 | 12000 元/hm²(第一年 7500 元/hm²，第三年 4500 元/hm²) | 2011～2020 年 | 全国 | 《新一轮退耕还林还草总体方案》 |
| 草原生态保护补助奖励机制 | 禁牧补助 90 元/hm²<br>草畜平衡奖励 22.5 元/hm²<br>牧草良种补贴 150 元/(hm²·a)<br>牧民生产资料补贴每年每户 500 元 | 2010 年至今 | 全国 8 个主要草原牧区 | 2010 年 10 月 12 日国务院常务会议 |

1) 退牧还草

2003 年 12 月 16 日，我国为了遏制西部地区天然草原加速退化的趋势，促进草原生态修复，国务院正式批准在西部 11 省区实施退牧还草工程。从 2003～2007 年，计划在西部 11 省退牧还草 6700 万 $hm^2$，占西部地区严重退化草原的 40%，重点治理蒙甘宁西部荒漠草原、内蒙古东部退化草原、新疆北部退化草原和青藏高原东部江河源草原。工程建设主要内容是草场围栏建设（从 2005 年起安排重度退化草场补播），工程总投资 143 亿元，其中中央补助 100 亿元，地方配套 43 亿元。

退牧还草补助标准为：除青藏高原东部江河源草原外的其他三片草原区按季节性休牧（按休牧 3 个月计算）补助饲料粮 20.6 $kg/(hm^2 \cdot a)$，全年禁牧补助饲料粮 82.5 $kg/(hm^2 \cdot a)$；青藏高原东部江河源草原按此标准减半；饲料粮补助期限为 5 年。此外，草原围栏建设按 247.5 元/$hm^2$ 计算，中央补助 70%，地方和个人承担 30%。截至 2010 年，中央累计投入退牧还草基本建设投资 136 亿元，安排草场围栏建设任务 0.52 亿 $hm^2$。退牧还草工程实施以来，工程区生态环境显著改善，政府及农牧民保护草原意识均得到增强，草原畜牧业生产方式也加快转变，农牧民收入呈现稳定增长。

2) 退耕还草

新一轮退耕还林还草工程采取"自下而上、上下结合"的方式实施，2011～2020 年，将全国具备条件的坡耕地和严重沙化耕地（约 283 万 $hm^2$）退耕还林还草。其中包括：25°以上坡耕地 145 万 $hm^2$，严重沙化耕地 113 万 $hm^2$，丹江口库区和三峡库区 15°～25°坡耕地 25 万 $hm^2$。新一轮退耕还草补助标准为 12000 元/$hm^2$，资金分两次下达，第一年每公顷7500 元（其中种苗种草费 1800 元）、第三年每公顷 4500 元。

3) 草原生态保护补助奖励机制

2010 年 10 月 12 日的国务院常务会议，决定建立草原生态保护补助奖励机制以促进牧民增加收入。会议决定：从 2011 年起，在内蒙古、新疆（含新疆生产建设兵团）、青海、西藏、宁夏、四川、甘肃和云南 8 个主要草原牧区省（区），全面建立草原生态保护补助奖励机制。①实施禁牧补助，对于生存环境非常恶劣、草场已经严重退化、不宜放牧的草原，实行禁牧封育，中央财政给予的补助标准为 90 元/$hm^2$。②实施草畜平衡奖励，对于禁牧区域以外的可利用草原，在核定合理载畜量的基础上，中央财政对未超载放牧的牧民给予奖励标准为 22.5 元/$hm^2$。③落实对牧民的生产性补贴政策，如增加牧区畜牧良种补贴，在对肉牛和绵羊进行良种补贴基础上，将牦牛和山羊纳入补贴范围；同时实施牧草良种补贴，对 8 省（区）600 万 $hm^2$ 人工草场，牧草良种补贴标准为 150 元/$hm^2$；实施牧民生产资料综合补贴，对 8 省（区）约 200 万户牧民，给予的补贴标准为 500 元/户。④加大牧区的教育发展和牧民培训的支持力度，促进牧民转移就业。为建立草原生态保护补助奖励机制，实现上述目标，中央财政每年安排资金 134 亿元，并且要求有关地区和部门加强组织领导和监督管理，发挥牧民主体作用，建立绩效考核和奖惩制度，完善草畜平衡核查和禁牧管护机制，确保各项政策措施落实到位。

**3. 湿地**

根据中共中央、国务院《关于全面深化农村改革加快推进农业现代化的若干意见》

（中发［2014］1 号）等文件精神，2014 年中央财政增加安排林业补助资金，支持启动了退耕还湿、湿地生态效益补偿试点和湿地保护奖励等工作，以促进湿地的保护与恢复，推动生态文明建设。相关湿地生态补偿的具体标准见表 1-3。

**表 1-3　我国湿地补偿标准**

| 项目 | 补偿标准 | 实施时间 | 实施地点 | 来源 |
|---|---|---|---|---|
| 退耕还湿（试点） | 15000 元/hm² | 2014 年至今 | 黑龙江省、吉林、辽宁、内蒙古 4 个省 | |
| 湿地保护奖励（试点） | 500 万元 | 2014 年 | 全国 60 个湿地保护先进县 | 中共中央、国务院《关于全面深化农村改革加快推进农业现代化的若干意见》 |
| 湿地生态效益补偿（试点） | 4000 万元 | 2014 年至今 | 黑龙江省兴凯湖国家级自然保护区及周边 | |

2014 年中央财政安排湿地保护与恢复资金 15.94 亿元，主要用于退耕还湿、湿地保护奖励、湿地保护与恢复和湿地生态效益补偿等。退耕还湿先行安排在黑龙江、辽宁、吉林、内蒙古 4 个省区开展试点，开展 1 万 hm² 的退耕还湿工作。其中黑龙江省试点面积达 0.823 万 hm²，占全国首批试点总任务的 82.3%。黑龙江省的珍宝岛、七星河、乌伊岭、红星、兴凯湖、三江、三环泡、挠力河、明水、大沾河、新青白头鹤等 11 处国家级自然保护区和国际重要湿地被纳入退耕还湿试点单位，补偿标准为 15000 元/hm²。

2014 年，为促进湿地保护与恢复，推动生态文明建设。国家对全国 60 个湿地保护先进县进行奖励试点，其中，黑龙江省的安达市、饶河县、富锦市、嘉荫县和东方红林业局被列入湿地保护奖励试点单位，每个单位奖励 500 万元。

2014 年起，国家对 21 个单位进行湿地生态效益补偿试点，其中，黑龙江省的兴凯湖国家级自然保护区及周边被纳入其中，2014 年补偿资金为 4000 万元。

**4. 农田**

农田是重要的半自然半人工生态系统，可以为人类提供粮食、蔬菜等供给服务，还具有涵养水源、保持水土、维护生物多样性等生态调节服务，所以农田生态系统也存在生态补偿的问题[56]。国内开展了对农田生态补偿概念、重要性、机制、标准和实施途径等方面的研究与实践[57-59]。目前有关的试点主要在地方层面开展，其具体补偿标准见表 1-4。

**表 1-4　我国农田补偿标准**

| 项目 | 补偿标准 | 实施时间 | 实施地点 | 来源 |
|---|---|---|---|---|
| 基本农田补贴 | 600~7500 元/(hm²·a) | 2008 年至今 | 广东省、江苏省、北京市、成都市等 | 《基本农田补助专项资金》 |
| 农业生态补偿 | 750~1500 元/(hm²·a) | 2014 年至今 | 常州市水稻种植面积在 133hm² 以上的行政村 | 常州市《关于建立农业生态补偿机制意见（试行）》 |
| 耕地生态补偿 | 5051.75 元/hm² | 2012 年 | 重庆市 | 文献[60] |
| 耕地生态补偿 | 4076.7~6766.05 元/hm² | 2010 年 | 武汉市 | 文献[61] |

1)基本农田补贴

为了保护耕地特别是基本农田，2008 年以来，广东省先后在佛山、东莞、广州等地开展了建立基本农田保护经济补偿制度试点。2012 年广东率先建立和实施全省范围内的基本农田保护经济补偿制度，对承担基本农田保护任务的农村集体经济组织、国有农用地使用权单位和国有农场等集体土地所有权单位给予补贴。各地级以上市根据本地区的实际情况，以县(市、区)为单位确定具体补贴标准，标准范围为 3000～7500 元/(hm² · a)；广东省财政按照 600 元/(hm² · a)[其中广州、珠海、顺德区等经济较发达的地级以上市和县(市、区)按省级补助标准的 50%执行]给予补贴。补助资金主要用于基本农田的后续管护、农村土地整顿治理、农村集体经济组织成员参加农村合作医疗和农村养老保险等支出。

2)农业生态补偿

根据《关于深入推进生态文明建设工程率先建成全国生态文明建设示范区的意见》(苏发[2013]11 号)和常州市委、市政府《关于建立农业生态补偿机制的意见(试行)》(常发[2014]14 号)精神，常州市从 2014 年起在全市范围内正式推出农业生态补偿机制，以水稻田和生态公益林为生态补偿重点，首先对于水稻种植面积在 133.33hm² 以上的行政村，将获得 750～1500 元/hm² 补贴，之后将逐步扩大补偿范围，并且提高补偿标准。

3)耕地生态补偿研究

除了地方层面的农田生态补偿探索之外，许多学者进行农田生态补偿的研究。方丹根据耕地的生态系统服务价值，综合考虑社会支付意愿及支付水平的生态价值量，使用社会发展系数予以修正，得到耕地生态补偿标准的现实值，作为实际操作中耕地生态补偿额[60]。根据计算，重庆市 2012 年耕地生态补偿的标准为 5051.75 元/hm²，并提出耕地生态补偿的资金主要来源于国家公共财政支付和社会资金的建议。

马爱慧在耕地生态补偿及空间效益转移研究中，采用不同角度和不同方法评估区域内部耕地生态补偿额度[61]。运用方便易懂的条件价值法揭示供给方的支付意愿和需求方的受偿意愿，运用选择实验法评估出耕地保护属性(包括耕地的面积、质量和耕地周边景观与生态环境)的边际价值以及各种属性组合成的假想状态整体价值。结合选择实验法与条件价值法两种方法整体属性测算结果的交集，确定最终的耕地生态补偿补偿额度的范围为 4076.7～6766.05 元/hm²。

## 1.3.4　基于资源开发的生态补偿标准

### 1. 水电开发的生态补偿

水能是西部地区极为重要的资源，是国家能源安全的重要保障，并且在缓解气候变化方面起到重要作用[62]。目前，西部地区的水能开发达到高潮时期，但也带来很多社会和环境问题[63,64]。需要采用各种方式加以解决，其中生态补偿是很重要的一种。但是目前水电开发的生态补偿还较为少见。有关的水电开发生态补偿标准见表 1-5。

表 1-5 我国水电开发生态补偿标准

| 项目 | 补偿标准 | 实施时间 | 实施地点 | 来源 |
|---|---|---|---|---|
| 水电资源有偿使用和补偿机制试点 | 容量费按水电站审定装机容量 100 元/(kW·h)；电量费按电站发电销售收入的 3% 征收 | 2008 年至今 | 四川省 | 《建立水电资源有偿使用和补偿机制的试点方案》 |
| 锦屏电站 | 0.000242 元/(kW·h) | 研究时间不明确 | 四川省 | 文献[65] |

1）水电资源有偿使用和补偿机制试点

四川省人民政府以川府函[2008]280 号文(2008 年 9 月 23 日)，正式批复了四川省发展和改革委员会提交的水电资源有偿使用和补偿机制试点方案。该试点方案的主要内容为征收水电资源开发补偿费和建立水电开发生态补偿机制。水电资源属于国有，水电开发企业必须按一定标准向省级政府缴纳水电资源开发补偿费，以获得水电资源开发利用权。水电资源开发补偿费征收范围为四川省行政区内的已建、在建和新建水电项目。

水电资源开发补偿费由容量费和电量费组成。其中，容量费按审定装机容量在项目核准前由项目法人向四川省财政厅缴纳，容量费标准为 100 元/(kW·h)；而电量费按电站发电销售收入的 3% 征收，征收部门为地税部门，按季度征收按照，征收方式总结为"总量测算，逐年核定，分季到位，年终结算"。征收的水电资源开发补偿费纳入财政预算外专户。按照"谁开发、谁修复"的原则，在水电工程建设投资概算中按有关规定已经安排生态修复专项资金，而该试点方案明确规定，在建设地地方政府还要在征收的水电资源开发补偿费中，安排不低于 20% 的资金用于修复和改善工程建设影响范围内的生态环境。

2）水电开发生态补偿研究

陈雪在水电开发的生态补偿理论与应用研究中，对水电开发的生态环境效益和生态环境成本进行核算[65]。其认为水电开发的生态环境效益包括直接环境效益和能源替代的间接环境效益，而生态环境成本包括生态系统产品提供功能、生态系统调节功能、生态系统支持功能、移民的环境成本以及生态环境保护费用。该研究通过引入经济系数，对不同地区采取不同的补偿费率，建立了定量化模型用于水电开发生态补偿。依据其建立的水电工程生态补偿模型进行计算，锦屏水电站建设的生态补偿应为 0.000242 元/(kW·h)，此额度仅为电价的千分之一，在用户的可接受范围之内，同时也能够反映该地区水电开发外部不经济的成本。

**2. 矿产开发的生态补偿**

矿产资源开发的生态补偿理论与实践在国内开展还处于起步阶段[66]，目前我国部分地区已开展了生态补偿收费[67,68]。但我国尚未形成完善的矿产资源生态补偿机制体系，导致地方的生态补偿实践缺乏国家政策依据和政策指导，各地生态补偿工作出现混乱的现象。我国矿产资源开发生态补偿的案例，其具体补偿标准见表 1-6。

表 1-6　我国矿产开发生态补偿标准

| 项目 | 补偿标准 | 实施时间 | 实施地点 | 来源 |
|---|---|---|---|---|
| 矿产资源补偿费 | 销售收入的 1%～4%，平均为 1.18% | 1994 年至今 | 全国 | 《矿产资源补偿费征收管理规定》 |
| 环境补偿性质的整治基金和矿山环境恢复治理保证金 | 整治基金按矿石销售额的 2%～4%；矿山环境恢复治理保证金按矿区登记面积 0.5 万～50 万 m²，征收 3～9 元/m²，登记面积 5000m² 以下的一次性缴纳 7 万元 | 1989 年至今 | 江苏省 | 《江苏省矿山环境恢复治理保证金收缴及使用管理暂行办法》 |

1）矿产资源补偿费

矿产资源补偿费自 1994 年开始征收以来，征收额持续增长，管理制度逐步完善，征收水平不断提高，成效显著。根据国家《矿产资源补偿费征收管理规定》，由矿产资源所在市国土资源主管部门，区、县级地矿主管部门以及同级财政部门负责征收矿产资源补偿费。其中，市国土资源主管部门负责征收中央直属矿山企业、市属国有矿山企业和跨区县矿山企业的补偿费，而区县地矿主管部门负责征收其他各类矿山企业的补偿费。按照《矿产资源补偿费征收管理规定》第五条计算公式计征应征矿产资源补偿费的额度。矿产资源补偿费收费标准是：征收矿产资源补偿费金额＝矿产品销售收入×补偿费费率×开采回采率系数。补偿费费率为销售收入 0.5%～4%，平均为 1.18%。

2）矿山环境恢复治理保证金

江苏省从 1989 年就制订了《集体矿山企业和个体采矿收费试行办法》，对全省集体煤矿和个体煤矿征收环境补偿性质的整治基金，具体征收标准为矿石销售额的 2%～4%。其中，徐州作为典型示范区，自 1992 年开始开展资金征收工作，并制定了《徐州市集体矿山企业和个体采矿征收环境整治基金的实施规定》，对从事水泥、石灰生产的集体和个人，收费标准更高。经过多年发展，《江苏省矿山环境恢复治理保证金收缴及使用管理暂行办法》规定凡在本省行政区域内山地丘陵露天开采石材石料及其他矿产资源的采矿权人，必须依法履行矿山环境恢复治理的义务，向县级以上国土资源行政主管部门做出书面承诺，并缴纳矿山环境恢复治理保证金。具体标准为：矿区登记面积 0.5 万～3 万 m²，9 元/m²；3 万～10 万 m²，8 元/m²；10 万～30 万 m²，6.5 元/m²；30 万～50 万 m²，4.5 元/m²；50 万 m² 以上，3 元/m²；登记面积 5000m² 以下的一次性缴纳 7 万元；登记面积增加一档，登记面积与缴纳标准的积低于前一档登记面积与缴纳标准最高积的，以前一档最高积计算。

## 1.3.5　重要保护地的生态补偿标准

### 1.　重点生态功能区

2009～2012 年财政部连续颁布了《国家重点生态功能区转移支付（试点）办法》、《国家重点生态功能区转移支付办法》和《2012 年中央对地方国家重点生态功能区转移支付办法》，在均衡性转移支付项下设立国家重点生态功能区转移支付，制定"加强生态环境保护力度，提高国家重点生态功能区所在地政府基本公共服务保障能力"的目标[69]。自

2008 年起，中央财政在均衡性转移支付项下设立国家重点生态功能区转移支付，将天然林保护、南水北调和青海三江源等重大生态功能区所辖的县纳入转移支付范围[70]。我国生态功能区补偿标准见表 1-7。

表 1-7　我国生态功能区补偿标准

| 项目 | 补偿标准 | 实施时间 | 实施地点 | 来源 |
| --- | --- | --- | --- | --- |
| 重点功能区财政转移支付 | 国家重点生态功能区转移支付应补助额±奖惩资金 | 2009 年至今 | 重点生态功能区（限制开发区和禁止开发区） | 《国家重点生态功能区转移支付（试点）办法》 |
| 水源涵养生态功能区补偿 | 3550 万元 | 2015 年 | 浙江省金华市沙金兰水库 | 《沙金兰水源涵养功能区生态补偿专项资金使用管理办法》 |

1）重点功能区财政转移支付

为引导地方政府加强生态环境保护，提高国家重点生态功能区所在地政府基本公共服务保障能力，我国于 2008 年在均衡性财政转移支付的项目下，试点建立国家重点生态功能区财政转移支付制度，2009 年财政部发布《国家重点生态功能区转移支付（试点）办法》，并于 2011 年、2012 年对其进行了完善。根据最新的重点生态功能区财政转移支付制度，财政转移支付的范围包括：①《全国主体功能区规划》中限制开发的国家重点生态功能区所属县和禁止开发区域；②南水北调中线水源地保护区、青海三江源自然保护区、海南国际旅游岛中部山区生态保护核心区等生态功能重要区域所属县；③对环境保护部制定的《全国生态功能区划》中不在上述范围的其他重要生态功能区域所属县给予引导性补助，对开展生态文明示范工程试点的市、县给予工作经费补助，对生态环境保护较好的地区给予奖励性补助。

资金分配办法为：某省国家重点生态功能区转移支付应补助额＝∑该省限制开发等国家重点生态功能区所属县标准财政收支缺口×补助系数＋禁止开发区域补助＋引导性补助－生态文明示范工程试点工作经费补助，同时对限制开发等国家重点生态功能区所属县进行生态环境监测与评估，并根据评估结果采取相应的奖惩措施，最终某省国家重点生态功能区转移支付实际补助额＝该省国家重点生态功能区转移支付应补助额±奖惩资金。

2）水源涵养生态功能区补偿

2002 年浙江省金华市政府设立沙金兰水源涵养生态功能区，提出 2010 年开始实施功能区生态补偿政策。2013 年 7 月金华市政府第 54 次常务会议和 2014 年 7 月第 80 次常务会议先后决定将九峰水库集雨区、安地水库集雨区纳入金华市区饮用水源涵养生态功能区，实施生态补偿政策。至此，功能区由原先的沙金兰区域扩大到沙金兰、九峰和安地三个区域，包含沙畈、金兰、九峰、安地等 4 座中型水库，总库容 3.3 亿 m³，总集雨面积 5.63 万 hm²，其中生态公益林面积 2.72 万 hm²，范围涉及婺城区、武义县、遂昌县辖区的 12 个乡（镇、街道），107 个行政村，总人口约 4.1 万人。2015 年金华市政府筹集功能区生态补偿资金 3550 万元，其中安排功能区异地搬迁专项经费 500 万元。根据"突出重点、注重绩效、科学规划、公开透明"的原则，生态补偿资金重点用于功能区水源环境保护补助、公益性补助、生态修复和水资源保护项目、生产性项目以及环境保护考核奖励、保护宣传等方面。

**2. 自然保护区**

我国自然保护区制度建设较为成功，第一个自然保护区为鼎湖山自然保护区，建立于 1956 年，截至 2015 年 1 月，全国共有国家级自然保护区 428 个，占全国自然保护区总数的 15.9%，面积达 9466 万 hm²，分别占全国自然保护区面积和我国陆域国土面积的 64.7% 和 9.7%。国家级自然保护区的运行费用基本来自国家财政拨款，是典型的政府生态补偿。已有学者对自然保护区的生态补偿进行了综述，其围绕补偿主体、补偿依据、补偿标准、补偿方式、补偿征收、补偿使用、补偿监管等问题进行全面的分析，以提出自然保护区生态补偿的框架[71-73]。我国自然保护区数量众多，层次分明，基本形成了完整的保护区体系。自然保护区的主体比较明确，但由于生态服务价值功能无法实际量化，补偿机制的价格体系尚不健全，补偿标准难以预算。我国自然保护区生态补偿标准见表 1-8。

表 1-8　我国自然保护补偿标准

| 项目 | 补偿标准 | 实施时间 | 实施地点 | 来源 |
|---|---|---|---|---|
| 花坪自然保护区生态补偿 | 63.75 元/(hm²·a) | 2001 年至今 | 广西花坪自然保护区 | 《广西花坪国家级自然保护区森林生态效益补助资金试点实施方案》 |
| 武汉市湿地自然保护区生态补偿 | 省级及以上保护区的核心区、缓冲区、实验区补助分别为 375、225、150 元/(hm²·a)；市级保护区的核心区、缓冲区、实验区补助分别为 300、150、75 元/(hm²·a) | 2014~2018 年 | 武汉市 5 个湿地自然保护区 | 《武汉市湿地自然保护区生态补偿暂行办法》 |

1) 花坪自然保护区生态补偿

广西花坪自然保护区位于广西壮族自治区东北部龙胜和临桂县交界处，保护区现有森林储蓄 115.49 万 m³，其中衫类蓄积 1.16 万 m³，阔叶林蓄积 114.33 万 m³。为了保护区域森林生态资源，广西以森林分类区划界定成果为依据，编制了《广西花坪国家级自然保护区森林生态效益补助资金试点实施方案》（以下简称"方案"），为区域内的生态保护及补偿管理机制提供了明确的目标、原则和方法。方案规定国家森林补助为 63.75 元/(hm²·a)，其中管理人员补助费 52.5 元/(hm²·a)，其余费用用于防火措施、病虫害监测、森林公安、基础设施建设等方面。2002 年中央财政补助资金共计 83.7 万元，其中补助护林人员 68.86 万元。

2) 武汉市湿地自然保护区生态补偿

武汉市湿地资源丰富，天然湿地面积占全市国土总面积的 18%，人工湿地占全市国土面积的 21.15%。为了加强湿地自然保护区的保护，武汉市建立了湿地自然保护区生态补偿机制，出台了《武汉市湿地自然保护区生态补偿暂行办法》。自 2014 年起，市区财政每年出资 1000 万元，用于武汉市 2.8 万 hm² 湿地自然保护区的生态补偿，属全国首例。《武汉市湿地自然保护区生态补偿暂行办法》坚持"谁受损，补偿谁"的原则，以湿地自然保护区的核心区、缓冲区为补偿重点，对省级、市级湿地自然保护区内的农户、经营个体或单位实行分类补偿。

具体补偿对象为：因湿地保护需要，实行生态和清洁生产，生产经营活动受到限制的权益人，或在从事种植业、养殖业过程中，水域、滩涂、农田、林地等因遭受鸟类等野生动物取食而造成的经济损失，其权益人或经营者都将得到补偿。市财政对省级湿地自然保护区的补偿标准为核心区每年每公顷 375 元、缓冲区每年每公顷 225 元、实验区每年每公顷 150 元；对市级湿地自然保护区的补偿标准为核心区每年每公顷 300 元、缓冲区每年每公顷 150 元、实验区每年每公顷 75 元。

同时，配套建立区级生态补偿机制，各区以每年每公顷不低于 225 元(核心区)、150元(缓冲区)、75 元(实验区)的补偿标准进行补偿。《武汉市湿地自然保护区生态补偿暂行办法》的出台一定意义上缓解了经济发展受到限制的湿地自然保护区内原居民因保护导致种植、养殖业等收益减少，候鸟破坏农作物损失得不到赔偿等，保护管理与农民利益较为突出的矛盾。

**3.** 世界遗产地

我国自 1985 年加入《保护世界文化和自然遗产公约》（以下简称"公约"）以来，截至 2016 年底已有 50 处文物古迹和自然景观被列入《世界遗产名录》。其中有 11 处属于世界自然遗产，它们分别是湖南武陵源(1992 年被列入)、四川黄龙(1992 年被列入)、四川九寨沟(1992 年被列入)、云南三江并流(2003 年被列入)、四川大熊猫栖息地(包括阿坝州的卧龙、四姑娘山、小金与宝兴交界的夹金山等地，2006 年被列入)、中国南方喀斯特(包括云南石林、贵州荔波、重庆武隆等地，2007 年被列入)、江西三清山(2008 年被列入)、中国丹霞(2010 年被列入)、澄江化石遗址(2012 年被列入)、新疆天山(2013年被列入)以及湖北神农架(2016 年被列入)。

我国的世界遗产地基本与重点生态功能区、自然保护区、风景名胜区有重叠。旅游开发是世界遗产地利用的重要形式。由于近年来人民生活水平的提高，旅游成为重要的产业，对世界遗产地的保护产生了一些不利的影响[73,74]。世界遗产委员会已经多次明确指出了我国在世界遗产地管理中存在的问题[75]。由于开发的冲动带来对保护的忽视，使得世界遗产地的生态补偿相关的案例很少，仅在文献研究中提到云南石林彝族自治县的石林世界遗产地村民生活补助、旅游哺农、生态恢复[76]，具体标准见表 1-9。

表 1-9　我国世界遗产地补偿标准

| 项目 | 补偿标准 | 实施时间 | 实施地点 | 来源 |
|---|---|---|---|---|
| 云南石林遗产地核心区村民生活补助、村落生态环境改善补助 | 1000 万元/年 | 2009 年至今 | 云南省石林彝族自治县 | 文献[76] |
| 云南石林遗产地缓冲区旅游哺农 | 1000 万元/年 | 2007 年至今 | 云南石林彝族自治县 | 文献[76] |
| 云南石林遗产地生态恢复 | 1500 万元/年 | 2007 年至今 | 云南石林彝族自治县 | 文献[76] |

云南石林世界遗产地距离昆明市 78km，遗产地（即核心区）面积 120km²，缓冲区面积 230km²。云南石林地区人类活动的历史悠久，在石林世界遗产地内有村委会 5 个，缓冲区内有村委会 30 个。云南从 2009 年开始，石林县政府要求石林管理局每年从门票收入中提取 1000 万元用于核心区村落的农村生态环境改善，同时从门票收入中提取遗产地部分村落整体搬迁的经费。在缓冲区开展旅游哺农的经费也是每年投入 1000 万元，主要开展产业结构调整、农村家庭的能源结构调整、沼气发展、基础设施改善、水源地修复等工作[76]。

对退化生态系统和居民占用的土地进行生态恢复是云南石林世界遗产地及缓冲区生态资产损耗补偿的直接途径。为达到《保护世界文化和自然遗产公约》的保护要求，主要手段为将退化生态系统和居民占用的土地恢复为森林、草地和水域等，以提高云南石林世界遗产地及缓冲区自然生态系统的生态资产价值。在石林世界自然遗产地内，需要修复的土地类型有退化森林地、退牧地、退耕地、退化湖泊、地质灾害灾毁地、采矿遗址、建筑迹地等。在缓冲区，工作重点是农村基础设施的改善、绿化完善及村落景观的修复。2007～2008 年石林管理局从门票收入中提取约 3000 万元用于遗产地的生态恢复，该金额超过了石林彝族自治县人民政府规定的每年从门票收入中提取 1500 万元（用于生态恢复）[76]。

**4. 饮用水水源地**

水源地生态补偿是目前国内开展较为顺利的一种补偿模式，在国家和地方层面都有成功的案例。比较重要的有南水北调工程生态补偿[77]、成都市水源地补偿[14]、浙江绍兴市和慈溪市的水权交易[78,79]、北京密云水库生态补偿[80,81]，具体补偿标准见表 1-10。

表 1-10　我国水源地补偿标准

| 项目 | 补偿标准 | 实施时间 | 实施地点 | 来源 |
| --- | --- | --- | --- | --- |
| 南水北调水环境质量区域补偿 | 30、50、100 和 200 万元 4 个等次 | 2012 年至今 | 南水北调东线徐州市 | 《徐州市南水北调水环境质量区域补偿实施方案（试行）》 |
| 南水北调水源地生态补偿 | 7.33 亿元/年（水费为 0.6 元/m³） | 无 | 南水北调中线商洛水源地 | 文献[82] |
| 成都市水源地补偿 | 6000 万元/年 | 2012 年至今 | 成都市郫都区饮用水源地 | 《研究建立饮用水水源保护资金相关工作的会议纪要》 |
| 浙江绍兴与慈溪的水权交易 | 1.533 亿元水费为 0.4 元/m³ | 2005～2040 年 | 绍兴市、慈溪市 | 绍兴市汤浦水库和慈溪市自来水公司的《供用水合同》 |
| 北京密云水库生态补偿 | 超过 2400 万元/年 | 2014 年至今 | 北京市密云水库 | 北京市《进一步加强密云水库水源保护工作的意见》 |

1）南水北调

《南水北调工程供用水管理条例》公布施行，要求依照有关法律、行政法规的规定，对南水北调工程水源地实行水环境生态保护补偿，但是目前还没有明确的补偿方案，仅有地方性的探讨。南水北调东线工程是从江苏引长江水供水至山东及京津地区，其输水河道总长度超过 1000km，最高年抽引长江水可达 157 亿 m³。徐州市 2012 年出台了《徐州市南水北调水环境质量区域补偿实施方案(试行)》，即从 2012 年 3 月 1 日起实行水环境资源污染损害补偿机制，徐州市是南水北调东线第一个推行水质达标区域补偿的地级市。该方案中考核河流为京杭运河(徐州段)、奎河等 6 条河，补偿考核断面为南水北调及淮河流域 8 个国控、省控断面。根据水污染防治要求、治理成本和水质超标情况，补偿资金设置 30 万元、50 万元、100 万元和 200 万元 4 个标准。由市财政纳入环境保护专项资金统一管理所缴补偿资金，将其专项用于区域水污染治理、水环境监测能力建设和生态修复。

张家荣在南水北调中线商洛水源地生态补偿标准研究中，从水量和水质两个指标考虑，对商洛水源地的供水量进行分摊计算，对生态补偿标准进行了修正[82]。利用费用分析法确定了商洛水源地较为合理的生态补偿标准为每吨水 0.6 元，商洛地区年均供往南水北调中线工程的水量为 12.22 亿 m³，因此商洛水源地年生态补偿额应为 7.33 亿元。

2)成都市水源地生态补偿

成都市成立了四川省首个饮用水水源保护专项资金，即从 2012 年起，成都市将以财政转移的方式每年安排资金 6000 万元，用于支持郫都区饮用水水源保护的相关工作。成都将与郫都区签订目标责任书，在签订目标责任书后，郫都区要做好相关工作，一旦发生污染事件将要被扣分，实行权责一体。"根据初步安排，补偿款将用于三大用途，首先是用于补偿水源保护区内农民，引导他们发展有机农业，这部分金额是大头，至少占50%以上；其次是用于开展环保检查、监测、应急等；最后是水务部门对水源保护区河道治理、截污等。"

2015 年 1 月 1 日正式实施的成都市饮用水水源保护条例(2014 修订)第七条规定："市和区(市)县人民政府应当建立对饮用水源保护区域的生态补偿机制，促进饮用水源保护区和其他地区的协调发展。"这一规定明确要求对成都市中心城区上游地区的都江堰、郫都区等地因饮用水源保护而带来的发展限制和经济损失进行生态补偿。《修订草案》还对成都市备用水源、地标饮用水源的面源污染防范、农村地区分散式饮用水源地污染防治等方面的建设与保护做出了明确规定。

3)浙江绍兴与慈溪的水权交易

2003 年 1 月 9 日，在两市政府代表的见证下，绍兴市汤浦水库有限公司与慈溪市自来水公司签署了《供用水合同》。该合同表明在 36 年内(2005 年 1 月 1 日至 2040 年 12 月 31 日)，汤浦水库将向慈溪市提供每日 20 万 m³ 的引水权。根据转让合同，第一阶段由慈溪市自来水总公司自行投入 5.14 亿元，其中，向绍兴汤浦水库支付一次性水权转让费 1.53 亿元，并建设、运行和管理 50 多 km 的输水管线和水厂。慈溪可从汤浦水库引入 12 亿 m³优质原水，并另行支付水价，水价标准可享受汤浦水库三家股东单位执行的政府定价，目前为 0.4 元/m³，今后随着政府定价的调整而调整。第二阶段的供水价格及补偿费再另行商定。经财务评价，项目的投资回收期为 18 年。

4)密云水库生态补偿

北京市人民政府办公厅以京政办发[2014]37 号文(2014 年 6 月 12 日)，发布关于印发《进一步加强密云水库水源保护工作的意见》的通知，提出建立生态补偿机制。从2014年起，北京市政府安排一次性专项补助资金，以确保按时完成海拔 138～155m 范围内土地(0.69 万 km²) 全部恢复原状，该专项补助资金由密云县政府统筹使用，确保相关水源保护措施落实和周边群众稳定。同时，每年参照平原地区造林工程(6.67 万 km²) 的土地流转补助标准对海拔 155m 范围内库中岛上农村集体所有耕地及山场(约 0.11 万 km²) 予以合理补偿，实施封山育林和自然生态修复。为支持水库上游 11 个乡镇 164 个村庄发展有机农业，市政府每年安排 2000 万元。此外，建立对乡镇和村庄的奖励机制以完成"清水下山、净水入库"的预期目标，即每年安排 400 万元，用于一级保护区内农村污水处理设施运行、维护补助，以确保污水达标排放。

### 1.3.6 流域综合保护的生态补偿

我国的生态补偿主要针对森林生态系统，补偿的生态服务主要是水源涵养和土壤保持，其他服务相对较少，因此流域综合保护的特点并不突出。但在实践中又往往以流域为边界进行补偿，实际是为便于补偿方案的简化，对补偿效果和持续性的考虑还不够。由于水资源短缺和水环境恶化，流域生态补偿成为我国生态补偿实践的热点流域[83,84]。目前开展的流域综合保护如新安江流域生态补偿[85,86]、浙江省 8 大水系源头区全流域生态补偿，具体补偿标准见表 1-11。

**表 1-11　我国流域综合保护补偿标准**

| 项目 | 补偿标准 | 实施时间 | 实施地点 | 来源 |
| --- | --- | --- | --- | --- |
| 新安江流域生态补偿 | 补偿资金额度为 5 亿元/年，补偿项目为高锰酸盐指数、氨氮、总氮、总磷 4 项指标 | 2011 年至今 | 安徽省黄山市 | 《新安江流域水土保持生态修复规划》 |
| 全流域生态补偿 | 各交界断面出境水质全部达到警戒指标以上的奖励 100 万元资金补助；水质年度考核较上年每降低 1%，扣罚 10 万元补助，反之，奖励 10 万元的补助；大气质量考核较上年每降低 1%，扣罚 1 万元，反之，奖励 1 万元 | 2008 年至今 | 浙江省 8 大水系源头地区 | 《浙江省生态环保财力转移支付试行办法》 |

**1. 新安江流域生态补偿**

2011 年，全国首个跨省流域生态补偿机制试点在新安江启动实施，该试点由国家财政部、环保部牵头组织。该试点每年安排补偿资金共计 5 亿元，其中中央财政资金 3 亿元，浙江省与安徽省各安排 1 亿元。在财政部与环保部印发的《新安江流域水环境补偿试点的实施方案》中明确："按照《地表水环境质量标准》，以高锰酸盐指数、氨氮、总磷等 4 项指标常年年平均浓度值为基本限值，以 2008 年到 2010 年的 3 年平均值测算补偿指数。"这 4 项指标的测算以 1 为基准，若水质监测指标大于 1，意味着水质劣于基准，由上游安徽省补偿浙江省 1 亿元，否则反之。

**2. 浙江省全流域生态补偿机制**

根据《浙江省生态环保财力转移支付试行办法》，从 2008 年开始，除了宁波市以外，浙江省八大水系源头地区所属的 45 个市、县(市)每年将获得不同额度的省级生态环保财力转移支付资金。具体对象为浙江省境内钱塘江等八大水系干流和流域面积 10000hm² 以上的一级支流源头，以及流域面积较大的市、县(市)。45 个市、县(市)按照不同的系数分档兑现补助额。其分档原则为"谁保护，谁得益"、"谁改善，谁得益"、"谁贡献大，谁多得益"以及"总量控制、有奖有罚"。

根据浙江省目前已经建立的环境监测装置，生态环保财力转移支付制度设置生态功能保护、环境(水、气)质量改善两大类因素，具体指标包括省级以上公益林面积、大中型水库面积、主要流域水环境质量和大气环境质量等 4 项，结合污染减排工作有关措施，运用因素法和系数法，计算和分配各地的转移支付金额。源头地区水环境质量考核较上年每降低 1%，扣罚 10 万元；反之，每提高 1%，则奖励 10 万元。凡市、县(市)主要流域各交界断而出境水质全部达到警戒指标以上的，将得到 100 万元的奖励资金补助，而水质年度考核较上年每提高 1%，就有 10 万元的奖励补助；反之，每降低 1%，则扣罚10 万元补助。大气质量考核较上年每提高 1%，奖励 1 万元；反之，每降低 1%，扣罚1 万元，以此类推。

## 1.3.7　我国生态补偿标准存在的问题

生态补偿标准研究被视为生态补偿机制建设的核心问题[87,88]，尽管近年来有大量相关的研究工作开展，但是由于理论不够成熟，方法不完善，数据缺失等问题，导致生态补偿标准始终存在很多争议，影响了国家生态补偿制度的推出。存在的主要问题有以下几个方面。

**1. 补偿标准低、简单化、固定化**

补偿标准偏低是目前我国生态补偿最明显的特点[89,90]，例如以目前的公益林补偿为例，每年每公顷 75 元的补助标准仅仅用于护林员的劳务费、森林病虫害和火灾的防护等费用，林农根本得不到任何补偿金。而在南方集体林区许多地方每年每公顷林地租金已经超过 75 元，中央现在每年每公顷补助 75 元不够支付林地地租。

其次是补偿标准简单化，没有体现不同区域的差异[91-93]，目前国家公益林生态效益补助资金平均每年每公顷 75 元，长江流域使用同一补偿标准，黄河流域也都是相同的补偿标准。平均主义的补偿标准，对劣等地而言，补偿标准偏高，对于优等地而言，补偿标准偏低，未能充分体现优质优价，没有建立分级分类补偿机制，以至于拥有好的公益林的林主损失更大[94-96]。如何合理、有效地分配补偿资金，形成一种公平、效率均衡的公益林保护的激励机制很重要。

此外，生态补偿标准固定化，未能与社会经济发展水平相联系[97,98]，例如退耕还林标准多年没有变化，而我国正处于社会经济快速发展的阶段，这种固定的标准已难以适应快速发展的需要。退耕还林工程于 1999 年开始的，当时规定的种苗和造林补贴标准为750 元/hm²。该项目实施至今已过十余年，这期间农村居民消费价格指数以及农民人均纯收入均已明显上升。如果再按当时的标准执行，补偿金额根本不够支付造林费用[97]。

**2. 补偿体系不全面，不系统**

由于生态补偿是一项系统工程，需要以补偿标准为核心，并充分考虑补偿体系的完整性，如补偿标准与补偿对象结合，补偿标准与补偿方式结合。目前的生态补偿对于补偿体系方面缺乏明显的设计，这包括两个方面，一个补偿内容的确定，即对不同的生态补偿目标需要界定，到底补偿是为了水资源的供给还是土壤保持，还是生物多样性保护？只有划分清楚了才能进行标准的制定，但多数研究或实际采用的标准都没有划分清楚。另一方面是补偿的整体设计，即使是目前最多的森林补偿和流域水资源补偿，既存在需要补偿的地方没有补偿，又存在有些地方重复补偿。需要围绕补偿标准，把补偿对象、范围、内容等进行统一考虑。

**3. 补偿标准的制定依据不充分，对主客体的补偿意愿考虑不够**

上述标准和体系的问题，其本质原因是标准制定的依据不充分，目前的补偿标准制定主要针对保护对象，如公益林、退耕还林、退牧还草等，实际是把生态系统与生态服务功能等同，模糊了生态补偿的界线，实际上应该按功能进行补偿，而不是按生态系统类型进行补偿，后者只是便于管理，目的是降低交易成本，但是忽视了补偿标准的科学性。典型的案例是目前我国实施的退耕还林(草)、生态公益林补偿金等与生态补偿相关的各项政策，国内发达地区(如浙江、福建等)流域内的生态补偿试点工作在政策制订过程中缺乏利益相关者的充分参与，不能广泛代表利益相关者的意愿而更多体现了中央政府的意志[99]。因此，造成生态补偿措施公众接受度普遍偏低，补偿实施效果较差，甚至引起补偿对象的反对，有违生态补偿的初衷。在生态补偿资金来源方面，对支付方的意愿考虑不够充分，难以将补偿意愿与补偿标准结合，造成补偿资金缺少来源。

生态补偿作为经济利益的再分配手段，涉及众多利益相关者的利益调整，需要众多利益相关者参与补偿标准的界定，尤其弱势群体的意愿、生存和发展权利应得到尊重，注重社区参与与生态补偿标准制定的结合。在补偿额度的确定上，现有补偿缺乏考虑消费群体的意愿及支付能力，存在一定的不足[100]。

# 1.4　研究方法

本节从研究思路、评估内容和评估方法对整个研究采用的方法学进行总体说明。

## 1.4.1　研究思路

生态补偿标准的确定是生态经济理论与生态保护实践结合的过程。基于这一考虑，本书采用的研究思路是主客观相结合的方法，基于生态补偿价值和成本的客观评价，加上对宝兴县城乡居民对于生态补偿的主观态度调查来确定补偿标准。首先对关键生态系统服务进行定量评价结果，并分析生态服务的供求关系，然后进行成本效益分析，提出初步的补偿标准，在此基础上，通过对利益相关方的支付意愿与受偿意愿的调查分析生态补偿标准的合理性(图 1-1)。

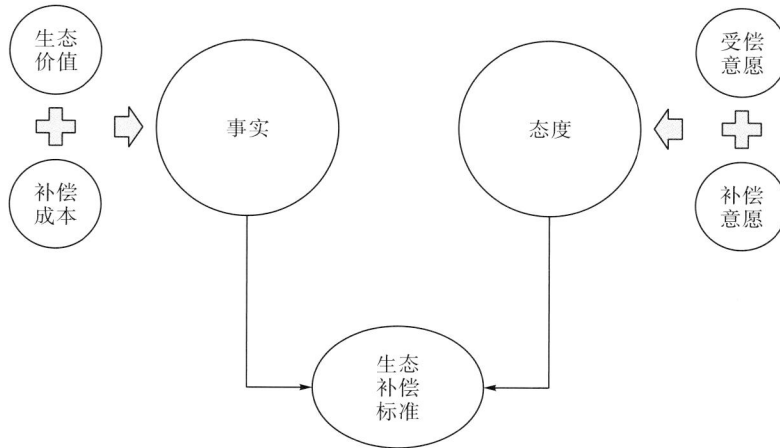

图 1-1 研究框架

在上述框架下，生态补偿标准制定的具体流程分为以下 9 个步骤：

(1)评价生态服务供给：明确各种生态系统服务供给的总量、分布和动态变化；

(2)评价生态服务需求：明确各种生态系统服务需求的总量、分布和动态变化；

(3)本地的生态服务供求关系：得出生态系统服务的盈余；

(4)生态服务价值化：分别计算潜在价值和现实价值；

(5)生态补偿成本分析：不考虑交易成本，分析保护成本、环境成本和机会成本；

(6)初步标准制定；

(7)综合标准制定：按生态服务综合价值和综合成本确定综合补偿标准；

(8)生态补偿意愿分析；

(9)识别补偿优先区。

## 1.4.2 评估内容

按照千年生态评估(MA)的分类，生态服务包括支持服务、供给服务、调节服务和文化服务四类[101]。每一类又分为多项具体服务，如支持服务包括土壤形成、传花授粉等，供给服务包括粮食、药材、木材、水源等，调节服务包括土壤保持、水源涵养等，文化服务包括景观服务等[102,103]。根据宝兴的具体情况，考虑不同服务的复杂性和重要性，本书仅对供水服务、土壤保持服务、碳吸收服务和生物多样性保育服务进行评价，生态补偿也针对上述服务进行研究。

## 1.4.3 评估方法

**1. 生态服务评估**

生态服务的量化与空间化是目前生态学研究的热点。当前国际上应用最为广泛的是

InVEST(综合服务价值权衡工具)[104-106]。这是由美国斯坦福大学、世界自然基金会
(WWF)以及大自然保护协会(TNC)发起的自然资本项目开发的评估模型[107,108]。其主要
特点是层次化、模块化和空间化。由于 InVEST 模型主要基于美国的生态系统状况进行
开发，尽管在中国也得到了部分验证[109-111]，但是模型的参数总体上比较缺乏，需要利用
宝兴的观测数据进行修正。

**2. 生态服务需求评价**

生态服务需求的评价是识别利益相关方，确定补偿范围和补偿标准的前提[112]。
Wolff 对生态服务的需求制图进行了总结[113]。对于生态服务的需求既要分析空间分布，
也要分析动态变化，特别是年内变化。需求的估算与预测如何进行就很重要。

对于供水服务，通过调查，分析各用水单位、取水点、用水量，以及对水质的需求；
土壤保持服务的需求方主要包括水电站、水库、自来水厂、工厂等；碳吸收服务的需求
不太明确，但从碳交易的角度看，凡是排放 $CO_2$ 的企业都需要碳吸收服务，以实现碳平
衡；生物多样性保护的需求主体不明确，以国家作为利益相关方的总代表，开展国家层
面的补偿。

**3. 成本核算**

在不考虑交易成本的情况下，生态补偿的成本主要包括三部分：保护成本、环境成
本和机会成本[114]。既要查明宝兴目前的三种成本情况，还要给出合理的成本估算，即在
一定的保护目标的情况下，理论上需要的成本。这里只讨论与生态环境有关的成本，生
态成本指为保护生态系统与生物多样性付出的直接成本，包括自然保护区的建设成本，
森林巡查的人员成本等；环境成本指为实现一定的环境目标付出的直接成本，如污水处
理厂，大气污染治理设施等；机会成本指为实现生态环境保护丧失的发展机会[115,116]，
如农药化肥的施用量的减少导致农民收入下降，矿山关闭影响地方财政收入等。

**4. 成本效益分析**

成本效益分析分为两部分：①对目前的成本和价值的关系进行分析，揭示二者间的
变化，识别低成本—高价值，高成本—高价值，低成本—低价值和高成本—低价值等不
同类型的保护地；②补偿标准确定后，分析总成本及总价值的变化。

**5. 补偿标准确定**

目前确定生态补偿标准的方法主要有以下几种：①仅考虑成本；②仅考虑价值；③
综合考虑价值和成本[117,118]。此外，国外有用综合指数法进行评价，如哥斯达黎加和美
国采用的综合环境评价指数；还有采用修正系数，如社会发展系数，用补偿区与被补偿
区的社会经济发展水平进行对比修正[119,120]。但是修正系数法把生态补偿的功能扩大了，
生态补偿有助于减贫，但是生态补偿不能作为消除贫困的主要方式，补偿标准应体现服
务价值和保护成本。

社会发展水平实际在机会成本中得到了体现[121]。林奥京在此基础上，用恩格尔系数衡量社会发展水平，用于修正生态系统净化大气的补偿标准[122]。这种方法提高了生态补偿标准的可行性，但还是存在混淆生态补偿的不同方面，应从价值核算中分离出来，作为支付意愿的计算依据。此外，还有一种方式是双方协商，按保护目标进行补偿，这种方式在中国比较多，如跨行政区的水质补偿，这种方式的好处是便于操作[123,124]，不足是忽视了生态补偿的本质，并没有体现生态服务价值或者保护成本，是一种简单的补偿方式。

我们认为，标准制定的关键是平衡生态服务价值(实际价值和潜在价值)与成本。通常情况下，服务价值远高于成本，因此，成本和价值之间存在一个较大的差距，补偿标准应该在二者之间。为便于补偿的实施，可以给出高、中、低三种补偿标准，分别对应三种供求关系，即需求大于供给、供需平衡和需求小于供给，根据实际的支付能力，选择相应的标准，以便补偿的实施。对于生物多样性保护的需求很难量化，因此直接用价值和成本的比例进行确定。高标准用 $80\%$ 的价值加 $20\%$ 的成本，中等标准用 $50\%$ 的价值加 $50\%$ 的成本，低标准用 $20\%$ 的价值加 $80\%$ 的成本。如果出现成本超过价值的地方，就直接以成本作为补偿标准计算的依据。

# 第 2 章　研究区概况

本章首先介绍宝兴县的自然概括和社会经济现状，然后对宝兴的生态保护和生态补偿实施情况进行说明。

## 2.1　自然环境

### 2.1.1　区位

宝兴县位于四川盆地西部边缘（图 2-1），东经 $102°28'\sim103°02'$，北纬 $30°09'\sim$

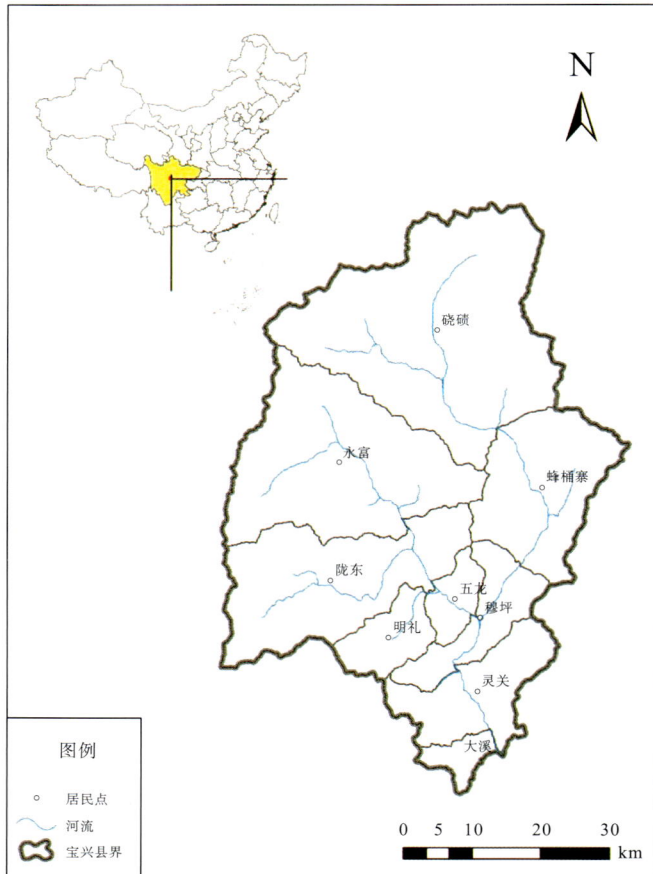

图 2-1　宝兴区位

$30°56'$，行政区划上属于四川省雅安市。县城所在地为穆坪镇，其距雅安市 80km，距省会成都市 210km。东邻芦山县，南毗天全县，西连康定县，北接小金县，东北与汶川县交界，国土面积为 3114 km²。

## 2.1.2　地质

宝兴县内出露的地层较齐全，除寒武系缺失外，自早元古界至第四系均有出露。主要构造体系属华夏系构造体系龙门山隆起褶皱带之中南段。与之毗邻相关的构造体系，北有金汤弧构造，西有川滇南北向构造带，东有新华西构造体系的川西褶皱带。特定的大地构造位置，加之地壳运动较为强烈，褶皱、断裂构造十分发育。

## 2.1.3　地貌

宝兴地处四川盆地与青藏高原的过渡地带，属垂直地貌，县内绝大部分属高山、中

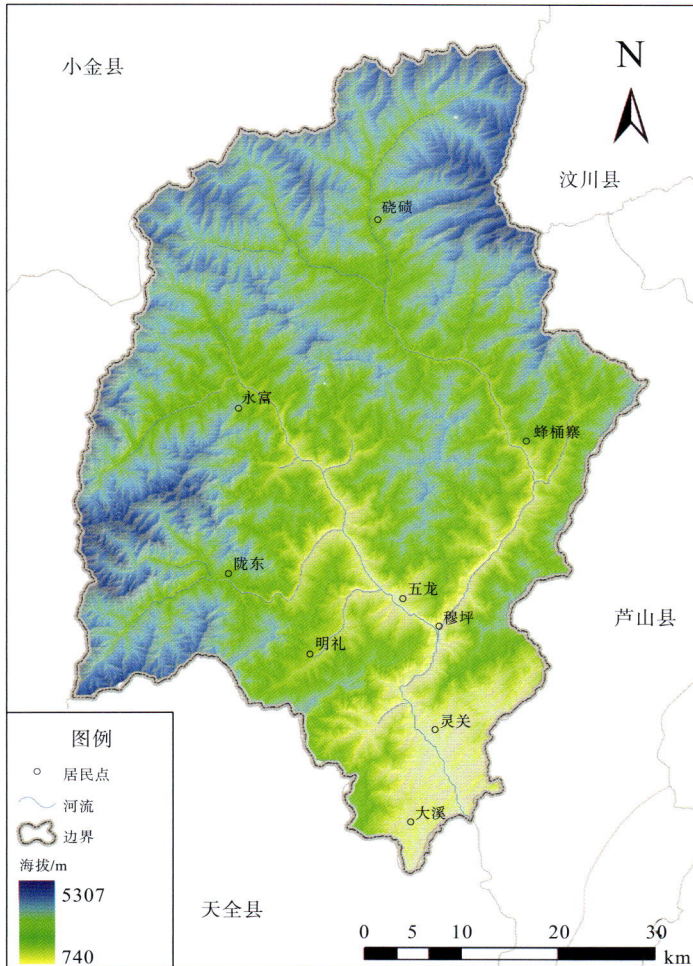

图 2-2　宝兴地形

山地形,分属夹金山和九龙顶山脉,全县山地面积占国土面积的99.7%,为典型山区县。地势上呈西北方向高而东南方向逐渐降低趋势(图2-2),境内群山屹立,沟壑纵横,分高山区、中山区和平坝区。宝兴县境内最高点海拔5164m,位于西面与康定县交界的石喇嘛;最低地势灵关峡口海拔750m,县城海拔1011m。山脉以南北走向为主,有海拔2000m以上的山峰1311座,其中夹金山横坦西北,垭口王母寨海拔为4114m,是中国工农红军长征翻越的第一座大雪山。

## 2.1.4 气候

宝兴气候属亚热带向温暖带过渡的湿润季风气候,气候受地形影响,垂直差异明显,呈现典型立体气候型。从西北到东南方向大体上可以分为高山永冻带、山地寒带、山地温带和亚热带四个气候区。其中,山地温带所占面积比例最大,为64.5%;高山永冻带占总面积的比例最小,仅为0.25%;山地寒带占23.75%;亚热带占总面积的11.5%。大部分地区气候温和,冬无严寒,夏无酷暑;雨量、气温均有由南向北递减之势。年平均气温14.1℃,极端最高气温35.3℃,极端最低气温−5.7℃。无霜期319天,年均降水量993.7mm,年日照789h。常年主导风向多为南东南风,平均风速3.6m/s,最大风速14m/s。

## 2.1.5 土壤

由于出露岩层种类繁多,宝兴县土壤类型较为复杂。县内地质岩层共出露10个系,43个统组,形成的土壤划分为12个土类,19个亚类,43个土种,83个变种。主要土壤类型有黄壤、山地黄棕壤、山地棕壤、暗棕壤、亚高山草甸土、高山草甸土和石灰岩土(图2-3)。

## 2.1.6 植被

宝兴县植被保存完整,境内有维管植物160多科、560多属、1050多种,占全省维管植物232科的68.9%,其中属国家一级保护树1种、二级5种、三级5种。活立木蓄积量1715万m³。境内药用植物达600多种,素有"神药之乡"美称,其中以川贝、天麻、杜仲、厚朴、雪莲花、黄柏等为名贵药材。

宝兴县植被随海拔差异和水热条件的不同,植被也呈现出垂直规律性分布(图2-4)。海拔1800m以下的基带植被,属偏湿性亚热带常绿阔叶林,多为次生灌木林和人工栽培林,主要乔木树种有油樟、川桂、木姜子、卵叶钓樟、细叶青冈、栲树、刺果米槠、木荷、四川大头茶等,灌木植物多为马鞭草科、马桑科、豆科、蔷薇科和禾本科等植物;海拔1800~2200m为常绿和落叶阔叶混交林,组成树种以细叶青冈、润楠、连香树、野核桃、石栎等常绿阔叶树种和珙桐、水青树、槭树、桦树、山麻柳等落叶树种为主;海拔2200~2900m为针阔混交林,针叶树种有红杉、铁杉,落叶阔叶树种有桦树、槭树、椴树;海拔2900~3200m为亚高山针叶林,优势植被为云杉、冷杉和岷江冷杉组成的针叶林;海拔3200~4500m为亚高山灌丛、高山灌丛草甸带,高山灌丛有以杜鹃、高山栎、金露梅等组成的针叶、常绿阔叶、落叶阔叶等多种类型，高山草甸则有白茅、羊茅、珠芽蓼、四川嵩草等组成的禾草、莎草和杂类草草甸；海拔 4500m 以上为稀疏植被，主要以风毛菊、红景天、虎耳草、石竹科蚤缀属等适应高寒气候的物种为主；5000m 以上为永冻带。

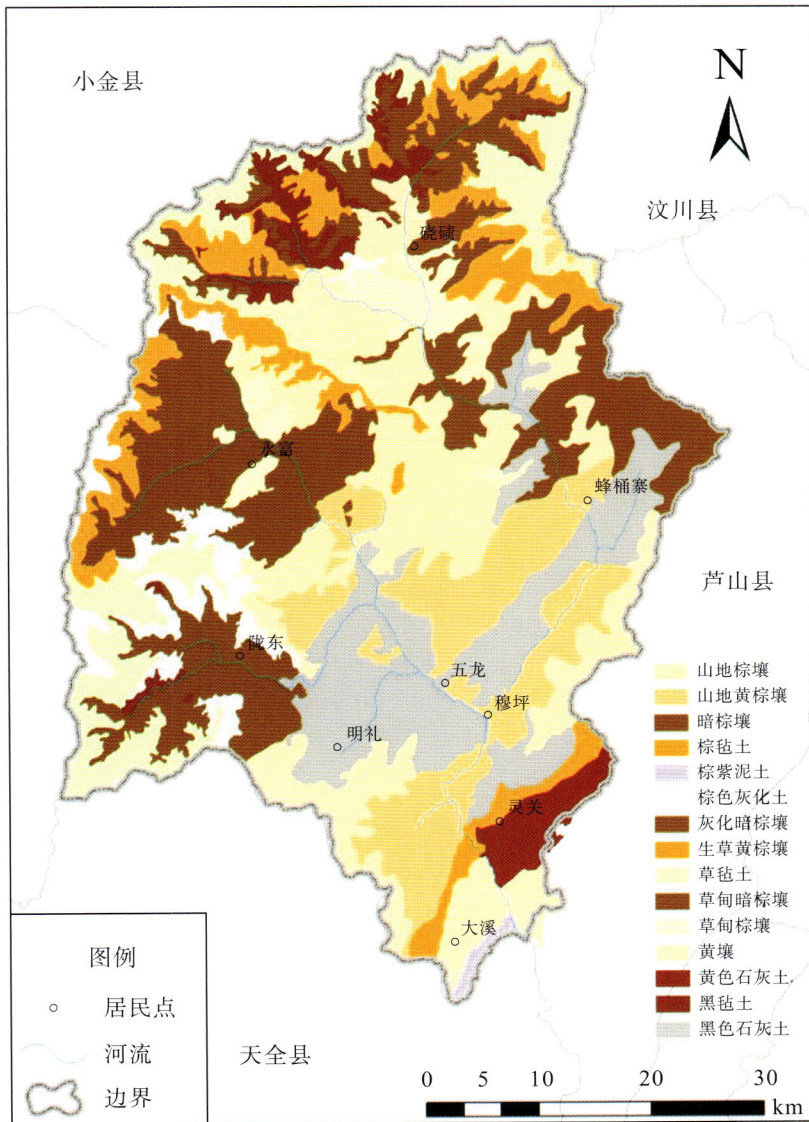

图 2-3　宝兴土壤分布

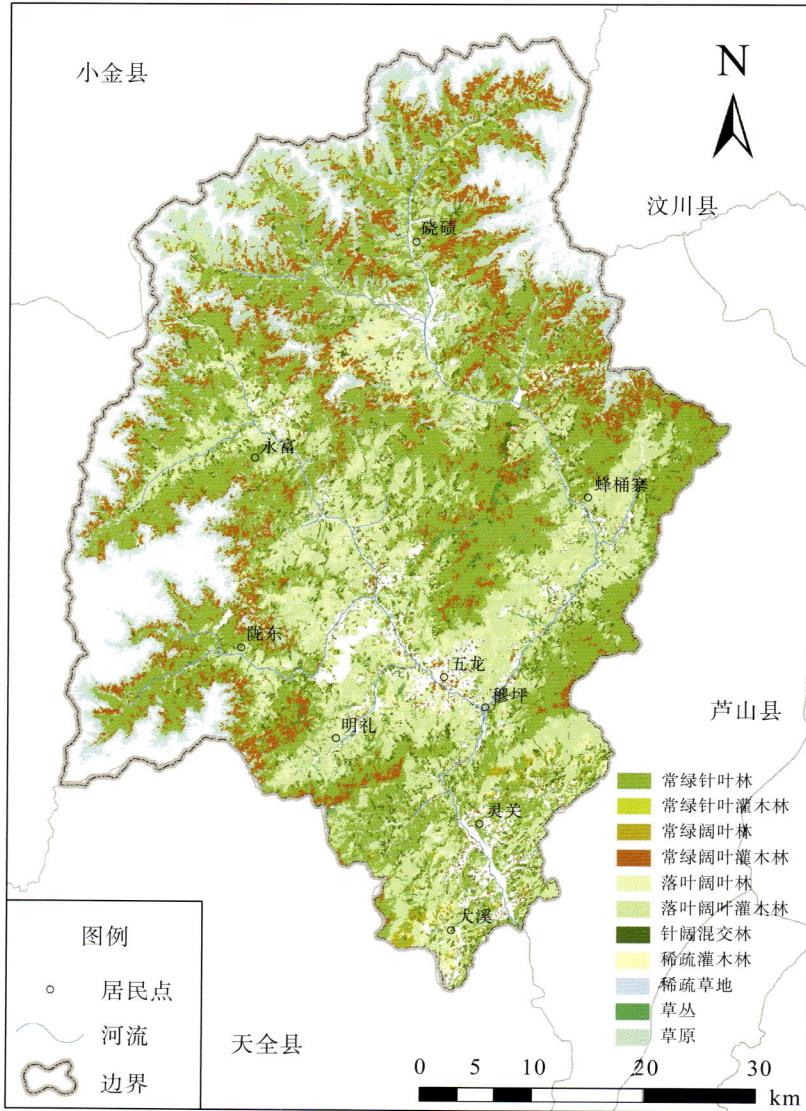

图 2-4 宝兴植被分布

## 2.1.7 水文

宝兴县全县均属于岷江一级支流青衣江流域。县域境内河流有宝兴河,系青衣江主源。宝兴河发源于夹金山东段巴朗山南麓蚂蟥沟,上游分东西两河,东河为主流。东西两河在县城以上约两公里的两河口汇合后称宝兴河。宝兴河贯穿全境,主河道全长104.4km,大小溪流纵横交错。宝兴河属典型的山区河流,径流主要来自降水,其次是地下水和高山融雪补给,由于宝兴县植被覆盖度高,下垫面具有较强的滞蓄能力,径流丰沛且年际变化小。根据水文站实测数据显示,宝兴河丰水典型年平均流量为40.4 $\mathrm{m^3/s}$,中水典型年平均流量为32.5 $\mathrm{m^3/s}$,枯水典型年平均流量为28.4 $\mathrm{m^3/s}$[125]。

由于宝兴河地处青衣江暴雨区边缘，暴雨强度大，加之山高坡陡，汇流迅速，形成洪水过程具有陡涨陡落、峰型尖瘦的特点，单峰历时一天左右，复峰历时 2~3 d。宝兴县水系见图 2-5。

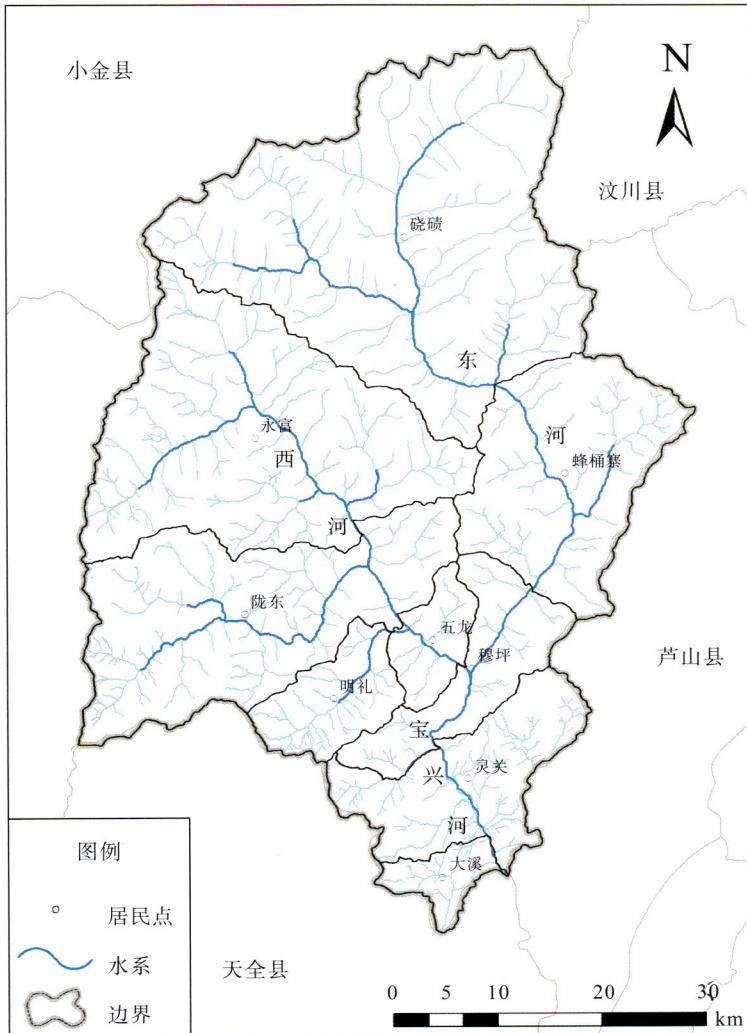

图 2-5 宝兴水系

## 2.2 社会经济

### 2.2.1 行政区划

宝兴县于 1933 年设县，建国后多次进行了行政区划调整。目前全县辖 3 个镇、5 个乡、1 个民族乡，共计 54 个行政村，包括穆坪镇、灵关镇、陇东镇、蜂桶寨乡、硗碛乡、永富乡、明礼乡、五龙乡和大溪乡(图 2-6)。

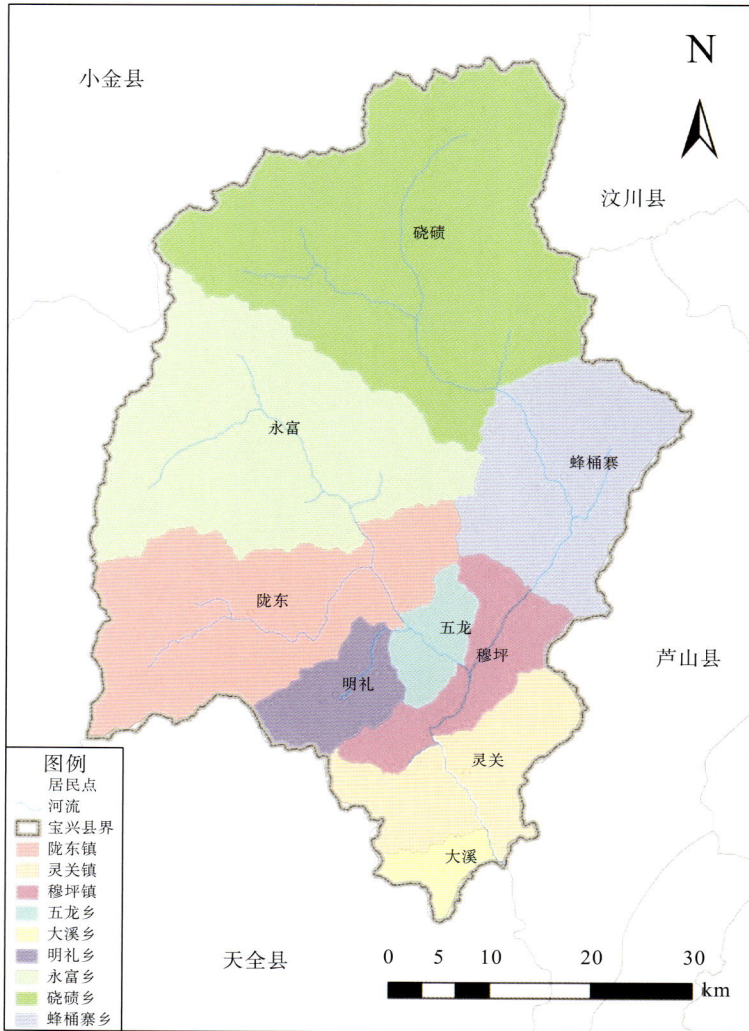

图 2-6  宝兴行政区划

## 2.2.2  产业

宝兴县工业以建材、采矿、电力为主,农业主产稻谷、玉米、小麦、马铃薯,饲养业以养猪、牛、羊为主。近年来,宝兴县保持了经济持续增长、产业结构不断优化、城乡居民收入逐步增加,生活水平逐年提高。2010 年宝兴县实现地区生产总值14.67 亿元,其中,第一产业生产总值 2.36 亿元、第二产业生产总值 9.8 亿元、第三产业生产总值 2.51 亿元,分别占生产总值的 16.1%、66.8%、17.1%。人均国民生产总值到达 25474 元,地方财政一般预算收入达到 7112 万元。

## 2.2.3  人口与民族

宝兴人口较少,主要人口以汉族为主,硗碛乡有部分藏族。2010 年末,全县人口

58335 人，其中汉族人口占 81.83％，少数民族人口占 18.17％，其中藏族人口占 17.56％。全县人口密度为每平方千米 18.73 人。县城所在地穆坪镇人口占全县总人口的 21％。穆坪镇是全县的政治、经济、文化及商贸中心。

### 2.2.4　人民生活

随着宝兴县社会经济的不断发展，全县各族人民的生活水平也在不断提高。2010 年宝兴县实现农民人均纯收入 5300 元，比 2005 年增加 2280 元，城镇居民人均可支配收入 13832 元，是 2005 年的 1.88 倍。宝兴县社会保障体系和救助体系不断完善，2010 年宝兴县养老、医疗、失业、工伤、生育等 5 项社会保险参保人数为 18852 人次。同时，对于符合条件的城镇居民基本上纳入最低生活保障范围。

### 2.2.5　交通

全县交通为公路，省道 210 线纵贯县境，南连接雅安芦山县，北连阿坝州的小金县，为宝兴目前唯一的出境通道。距离雅安 80km，距离省会成都 210km，由雅安上成雅高速，3h 可达到成都。推进旅游公路和通乡通村公路建设，实现公路通村率 100％。初步形成了以 S210 线和县级公路为主、乡村公路为辅的经济交通网。

## 2.3　宝兴生态保护现状

宝兴县生态环境优良，空气质量达国家 Ⅱ 级标准，水质质量达国家 Ⅱ 级标准，全县森林面积 12.93 万 hm²，其中 95.00％为原始森林，森林覆盖率高达 70.80％。宝兴县大部分国土都属于保护地，主要有四川省大熊猫世界遗产地、蜂桶寨国家级自然保护区和夹金山国家森林公园。

### 2.3.1　蜂桶寨国家级自然保护区

宝兴是全球生物多样性热点地区，保护了大熊猫、珙桐等多种珍稀濒危动植物。1869 年法国传教士兼生物学家戴维在邓池沟首次发现大熊猫，因此宝兴被称为熊猫故乡。1975 年蜂桶寨国家级自然保护区建立。蜂桶寨国家级自然保护区位于四川省宝兴县东北部，总面积为 39039hm²。主要保护对象为珍稀濒危动物大熊猫、金丝猴及山地混合森林生态系统，保护区有珍稀动物 378 种，维管束植物 1050 种。

保护区自 20 世纪 80 年代以来坚持开展各项科研工作。1984～1987 年保护区与世界自然保护基金会（WWF）合作，开展了大熊猫、亚洲黑熊的生物学研究工作；自 1999 年开始进行大熊猫及其栖息地监测工作；自 2000 年开始，该保护区纳入天然林保护工程，开展了一系列以保护天然林为目的的野外巡护工作；2001 年起，先后有德国技术合作署（GTZ）项目、德国复兴信贷银行（KFW）项目以及全球环境基金（GEF）项目开展，在保护区的保护管理活动中逐渐引入了以社区为基础的保护理念，先后在保护区周边社区开展了野生动物危害庄稼的监测、社区经济情况调查、环境教育以及扶持周边社区经济发展等多项社区工作。

### 2.3.2　四川省大熊猫世界遗产地

四川大熊猫栖息地于 2006 年 7 月 12 日成为世界自然遗产。其范围包括了四川境内的 7 处自然保护区和 9 处风景名胜区，地跨四川省芦山县、天全县、宝兴县、都江堰市、崇州市、邛崃市、大邑县、泸定县、康定县、汶川县、小金县和理县等 12 个县或县级市。宝兴县有 70% 的国土面积属于大熊猫遗产地核心区。目前，四川省大熊猫世界遗产地的管理由四川省世界遗产管理委员会负责。四川省人民政府办公厅川办函[2010]27 号《关于成立四川省世界遗产管理委员会的通知》标志四川省世界遗产的管理规范化。管理委员会办公室设在住房城乡建设厅，具体承担日常工作。

### 2.3.3　夹金山森林公园

夹金山森林公园位于四川盆地西部、青藏高原东部边缘的夹金山南北山麓的小金县与宝兴县境内，与著名的四姑娘山风景区毗邻，距成都 250km，总面积为 88332.1 hm²。由小金县和宝兴县两部分组成，其中小金县部分 23491 hm²，宝兴县部分 64841.1 hm²。境内主要有夹金山，木尔寨沟两个原始生态区。森林资源丰富，植被完好，生长着金丝猴，扭角羚等国家一、二类野生保护动物。

## 2.4　宝兴生态补偿实施情况

### 2.4.1　天然林保护

历史上宝兴县经济主要以木材和大理石为主，1998 年开始大规模的生态保护建设。首先启动的是天然林保护工程，至 2009 年，全县累计完成天保工程公益林建设人工造林 15042hm²，其中集体林地造林 2482hm²，国有林地造林 12560hm²。累计完成封山育林面积 209886hm²[126]。1998～2010 年，国家下达宝兴县财政专项资金计划 3394.6 万元和公益林建设国债资金计划 1531 万元，全部完成投资。

工程实施以来，截至 2010 年底，全县累计调减木材蓄积 26.28 万 m³，新增人工造林面积 1.79 万 hm²（其中人工促进天然更新 733hm²），新增封山育林面积 5.73 万 hm²，林木总蓄积由工程实施前 1998 年的 1903 万 m³ 增加到 2010 年的 2091 万 m³，新增林木蓄积 188 万 m³，森林覆盖率由工程实施前 1997 年的 41.4% 增加到 2010 年的 70.8%。

目前正在实施天保工程二期，目标是到 2020 年宝兴县森林面积增加 2.77 万 hm²，森林蓄积净增 200 万 m³，森林覆盖率达到 75%。

### 2.4.2　退耕还林

根据宝兴县林业局提供的资料，宝兴县于 2001 年开始实施退耕还林工程，到 2008 年，8 年累积退耕还林 3133.3hm²。在退耕前的 2001 年，全县农业人口 45495 人，耕地总面积为 5159hm²，人均耕地面积 0.11hm²。退耕还林后，到 2008 年，全县有农业人口

47010 人，耕地总面积 4006hm²，较之退耕前减少 1153hm²，农民人均耕地面积减少到 0.085hm²[126]。

宝兴县 1999 年至 2004 年累计实施退耕还林 0.31 万 hm²，涉及全县 9 个乡（镇）。自 2005 年以来至今，退耕还林为零计划，2010 年退耕还林补助为 1217.14 万元。

## 2.4.3　财政转移支付

为维护国家生态安全，支持地方政府加强生态环境保护，提高基本公共服务保障能力，促进经济社会可持续发展，国家制定了财政转移支付政策。按照《四川省国家重点生态功能区转移支付资金管理暂行办法》的规定，资金专项用于生态环境保护治理和基本公共服务保障项目。2010 年宝兴县获得国家重点生态功能区转移支付资金 1923 万元，用于宝兴县灵关镇水桶坪防洪堤工程。2012 年国家重点生态功能区转移支付资金实施项目：①生态环境保护治理项目—宝兴县夹金山泥石流滑坡治理、河道疏浚及森林植被恢复工程，拟安排转移支付资金 1862 万元；②基本公共服务保障—宝兴县义务教育学校绩效工资保障项目，拟安排转移支付资金 798 万元。

## 2.4.4　其他生态补偿项目

宝兴县生态保护的重要性也得到了国内外的广泛关注，先后有全球环境基金项目"长江流域自然保护与洪水控制"、中欧天然林管理项目、全球环境研究所（GEI）项目将宝兴作为示范区开展相关研究，提升了宝兴的知名度，促进了宝兴的生态保护工作。

**1. GEF 长江流域自然保护与洪水控制项目**

"长江流域自然保护与洪水控制"项目由国家环保总局和联合国环境规划署（UNEP）联合管理，于 2005 年 11 月 14 日签署合同。宝兴综合生态系统管理示范项目为长江项目分项目之一。该项目开展了一系列活动，如扶贫、生物多样性保护、土地退化防治、碳吸收增加、土地可持续利用等，广泛吸纳社会公众参与生态功能监测与预警，建立综合生态系统管理系统，以此实现保护自然资源，促进经济社会发展，获得当地、国内和全球环境效益的目标。

综合生态系统管理是协调人与自然的关系，建立和完善经济、社会与自然的和谐格局，确保生态安全和可持续发展的新型管理模式和方法，也是宝兴县解决社会经济发展与生态环境保护矛盾，实现可持续发展的必由之路。通过引进、建立和实施综合生态系统管理理念和方法，促进宝兴县在发展理念、发展思路、发展模式方面等方面转变，逐步走向科学管理、协调发展、人与自然和谐的发展道路。

**2. 中欧天然林管理项目**

中欧天然林管理项目是欧盟针对中国正在实施的天然林保护工程而设计的一个技术援助项目，与世界银行（WB）造林项目和 GEF 保护区管理项目一起，构成"林业可持续发展项目"。该项目于 1998 年开始准备，2003 年 7 月正式实施。项目执行期为 7 年，实施地点在四川、湖南、海南 3 个省的 6 个县，11 个乡镇，58 个行政村，以及 3 个森工林业局和 3 个县级国有林场。

早在 2002 年，中国政府和欧盟委员会以换文形式签署了"天然林管理"项目财政协议。根据协议，该项目投资为 2250 万欧元(折合人民币 2.3 亿元左右)，其中欧盟委员会资助 1690 万欧元，中国政府投资 560 万欧元。中欧天然林管理项目的目标是，通过向不同受益群体试验和示范多种天然林资源的可持续经营措施，提高环境的稳定性，促进当地社区的可持续发展。项目在全国 6 个县进行示范，宝兴为其一。2007 年四川省中欧天然林管理项目完成欧方投资资金 246 万元。

**3. GEI 生物多样性保护项目**

根据 GEI 项目报告，全球环境研究所(GEI)自 2006 年开始与蜂桶寨自然保护区合作，项目主要的理念是通过协议保护机制向支持保护活动的资源所有人提供补偿。它是通过转让土地的某些使用权以达到保护目的的一种方式。其优势包括：①通过依照保护成效，每年或定期支付补偿金以增加各地资源所有者的保护动力，同时，依据详细定义的保护协议履行衡量标准来监测投资的有效性；②它的灵活性体现在对于一些不便于用建立保护区这种行政手段进行保护的土地，如私有土地或土著人的土地都可以得到有效的保护；③它可以提供一个以保护为目的的真正的市场机制，通过竞标的形式产生每个协议的执行方，这可以使真正有能力的机构或个人参与保护工作，又有利于吸收社会闲散资金。此外，GEI 还针对生物多样性保护与社区发展之间的冲突，设计促进当地社区经济发展的模式。保护区周边的居民通常利用当地资源做燃料和谋生手段。GEI 向他们传授环境友好型的技术并为他们提供实际有效的培训，以帮助他们提高收入，同时也减轻了他们对当地资源的人为破坏，从而缓解了社区发展和保护自然资源的矛盾。

该项目在宝兴县蜂桶寨自然保护区建立了一个项目示范点。2005 年 11 月起，GEI 生物多样性保护项目组在四川省宝兴县蜂桶寨自然保护区周边的两个行政村发起了"协议保护机制项目"，主要内容是以开展社区发展活动为手段，提高社区居民生活收入，从而达到减少对当地自然资源破坏的目的。项目组从项目经费中拨付 10 万元，在宝兴县设立帐户，作为项目的保护与发展基金。基金用于社区发展活动经费的投放，并由项目地方执行人通过帮助出售社区活动产品的方式回收投放款，以保证基金的持续滚动和长期存在。截至 2007 年底，GEI 的协议保护项目达到了阶段性目标，即宣传推广项目概念，建立项目试点并取得成功。

## 2.4.5 评述

宝兴县生态补偿项目的实施取得了很大的成绩，特别是对当地政府和民众观念的影响非常明显，加强生态环境保护已成为全县社会各界的共识。但是如何解决保护与发展的平衡问题仍然是宝兴面临的重要挑战。目前中央财政转移支付对县财政有一定的改善作用，但是无法担负县域经济发展的责任。生态保护项目有一定的示范作用，但是项目结束后缺乏后续支持。因此，生态补偿将是推动县域经济转型的重要途径。

# 第 3 章　生态服务价值

本章主要利用 InVEST 模型对宝兴县关键生态服务价值进行了评估，主要考虑的生态服务包括水源涵养、土壤保持、碳吸收和生物多样性保护。

## 3.1　水源涵养

生态系统水源涵养服务主要表现在生态系统对降水的截留、吸收和下渗，对降水进行时空再分配，减少无效水，增加有效水[127,128]。生态系统水源涵养功能分为两部分，一部分为地上部分持水量，主要通过林冠层截留降水、林下植被持水和枯落物蓄水来体现[129]；另一部分为土壤层水源涵养量，土壤层水源涵养主要取决于土壤的容重、孔隙度、土壤层厚度和土壤入渗性能等因素[130-132]。由于林冠截留最终通过蒸散作用回到大气，因此生态系统的水源涵养功能主要体现在土壤层水源涵养量。

### 3.1.1　水源涵养评估模型

**1. 模型原理**

采用 InVEST 水源涵养模块计算土壤层水源涵养量。该模型计算原理为降水量除去实际蒸散量的那部分水实际能够进入土壤层的即为土壤层水源涵养量，能进入土壤层的水量为地形指数($TI$)、土壤饱和导水率($Ksat$)、径流流速系数($Velocity$)的一个函数。该模型考虑不同土地利用类型下土壤渗透性的差异，结合地形、地表粗糙程度对地表径流运动的影响，以栅格为单元定量评价不同地块水源涵养能力[133]。模型包括产水模块和水源涵养模块两个子模块。

1)产水量

产水模型根据水量平衡原理，基于气候、地形和土地利用来计算流域每个栅格的径流量。产水量为区域上每个栅格单元的降水量减去实际蒸发量，而降水量与蒸发量之间的平衡与其他一系列的气象要素、土壤特征和地表覆盖(土地利用类型或植被覆盖类型)等密切相关。计算原理如式(3-1)所示：

$$Y_{jx} = \left(1 - \frac{AET_{xj}}{P_x}\right)P_x \tag{3-1}$$

式中，$Y_{jx}$为年产水量；$P_x$为栅格单元$x$的年均降水量；$AET_{xj}$为土地利用类型$j$上栅格单元$x$的实际年平均蒸散发量。

$$\frac{AET_{xj}}{P_x} = \frac{1 + \omega_x R_{xj}}{1 + \omega_x R_{xj} + 1/R_{xj}} \tag{3-2}$$

式中，蒸散量与降水量比值 $\dfrac{AET_{xj}}{P_x}$ 是根据 Zhang 等[134] 在 Budyko 曲线基础上提出的近似算法，即 Zhang 系数。

$$R_{xj} = \frac{k \times ET_0}{P_x} \tag{3-3}$$

式中，$R_{xj}$ 为土地利用类型 $j$ 上栅格单元 $x$ 的 Budyko 干燥指数，无量纲，定义为潜在蒸发量与降水量的比值；$k$（或 $ETk$）为作物系数（Crop Coefficient），是不同发育期中作物蒸散量 $ET$ 与参比（潜在）蒸散量 $ET_0$ 的比值，InVEST 模型的手册中称为植被蒸散系数；$ET_0$ 为参比蒸散发量。

$$\omega_x = Z \frac{AWC_x}{P_x} \tag{3-4}$$

式中，$\omega_x$ 为修正植被年可利用水量与预期降水量的比值，无量纲，Zhang 等[134] 将其定义为表征自然气候—土壤性质的非物理参数；$Z$ 为 zhang 系数；$AWC_x$ 为可利用水。

$$AWC_x = \min(MaxSoilDepth_x, RootDepth_x) \times PWAC_x \tag{3-5}$$

式中，$MaxSoilDepth$ 为最大土壤深度；$RootDepth$ 为根系深度；$PAWC_x$ 为植被可利用水。

2）水源涵养量

利用产水模型计算出年产水量，根据 DEM 计算径流路径，利用土壤渗透性，地表径流流速系数计算地形指数，最后计算水源涵养量。此水源涵养量是降雨除去蒸发和地表径流后，渗入地下的水量。其方法思路与降雨储存法不同之处是：认为植被和枯落物对降雨的截获最终通过蒸发的形式损失掉，对水源涵养的贡献并不大，所以模型只考虑土壤对水源的涵养。

水源涵养量是在产水量的基础上获得，首先根据式(3-6)计算地形指数。

$$TI = \lg\left(\frac{Drainage\ Area}{Soil\ Depth \times Percent\ Slope}\right) \tag{3-6}$$

式中，$TI$ 为地形指数；$Drainage\ Area$ 为集水区栅格数量。

然后，根据模型公式[式(3-7)]估算进入水源涵养量。

$$Retention = \min\left(1, \frac{249}{Velocity}\right) \times \min\left(1, \frac{0.9 \times TI}{3}\right) \times \min\left(1, \frac{Ksat}{300}\right) \times Yield \tag{3-7}$$

式中，$Retention$ 为土壤涵水量；$Velocity$ 为流速系数；$TI$ 为地形指数；$Ksat$ 为土壤饱和导水率；$Yield$ 为产水量。

**2. 数据与参数**

评估所用的主要数据包括宝兴县 2010 年的土地覆被图、DEM、多年平均降水量、潜在蒸散发、植被可利用水、土壤深度、黏粒含量、粉粒含量、沙粒含量、土壤饱和导水率等。InVEST 水源涵养模型需要输入的参数有蒸散系数（$ETk$），根系深度（$Root$

Depth)，流速系数(Vel_coef)。这三个参数都基于土地利用类型，通过参考文献[109]获得。

### 3.1.2　宝兴县水源涵养服务

评估结果(图 3-1)显示宝兴县生态系统水源涵养功能为 156.22mm，标准差 76.55mm，生态系统水源涵养总量为 4.86 亿 m³。宝兴县多年平均降水量为 1172 mm，年降水总量 36 亿 m³，多年平均径流量为 1019.16 mm，多年径流量为 31.47 亿 m³。相比之下，水源涵养量占径流量的 15.44%，占降水量的 13.50%。

水源涵养的空间格局是由海拔较低的县域南部向海拔较高的县域北部减小，这主要与降水的空间分布有关，同时也受到复杂地形的影响，在不同气候条件下发育出森林、草地等不同植被最终决定了水源涵养功能的空间差异。

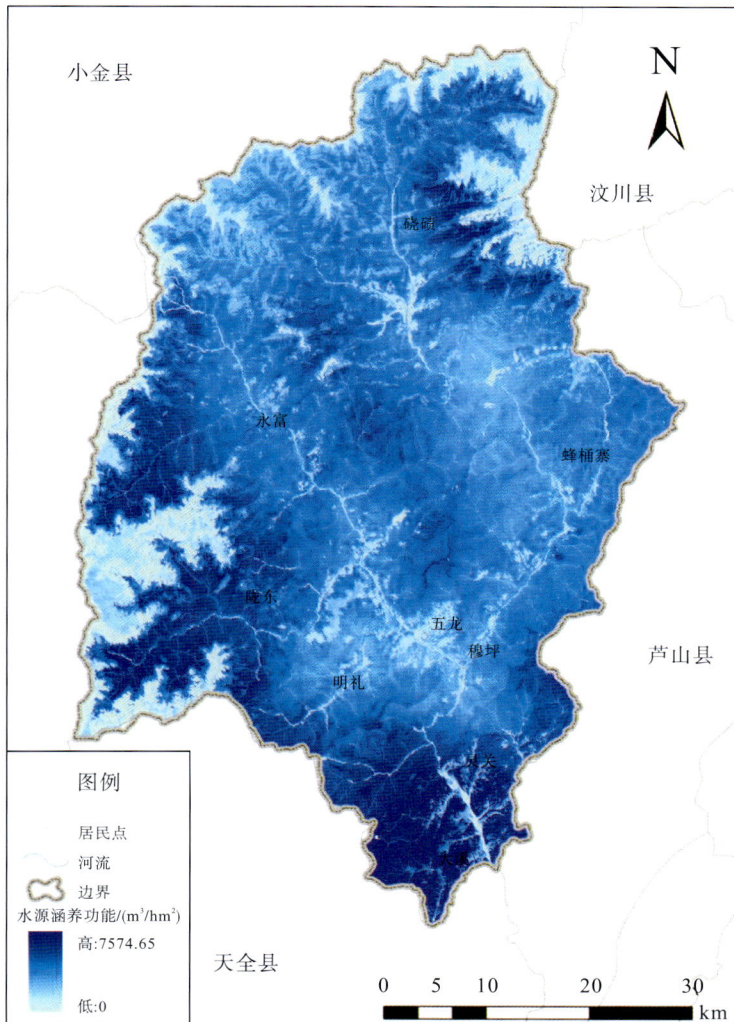

图 3-1　水源涵养功能

### 3.1.3　水源涵养服务的需求

水源涵养服务的需求方指消耗性用水单位，不包括水电站用水。根据宝兴县水资源总体规划，近年来，宝兴县境内的供水量较为稳定。2012 年全县供水量约 3590.06 万 m³，其中，农业用水 710.72 万 m³，占总用水的 19.80%；工业用水 2684.63 万 m³，占总用水的 74.78%；生活用水 194.71 万 m³，占总用水的 5.42%。县域内水源涵养服务需求的空间差异主要取决于城市和农村人口分布以及工业分布。

**1.　生活用水**

水资源首要作用是保障饮用水安全，这需要人口分布的情况。宝兴县山高坡陡，居民点基本沿河流两岸分布，共有 54 个村，海拔最高的村是硗碛乡的是嘎日村，海拔 2300m。其他有零星的居民点分布（图 3-2）。

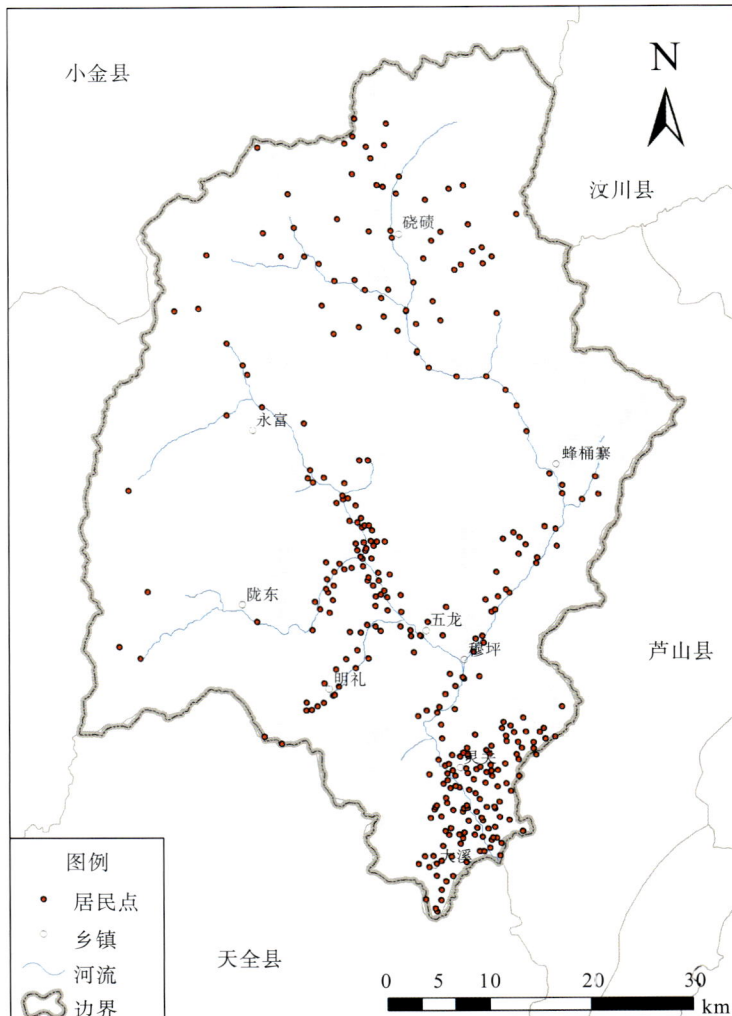

图 3-2　居民点分布

根据宝兴城乡体系规划，图 3-3 标示出了主要的饮用水水源地。

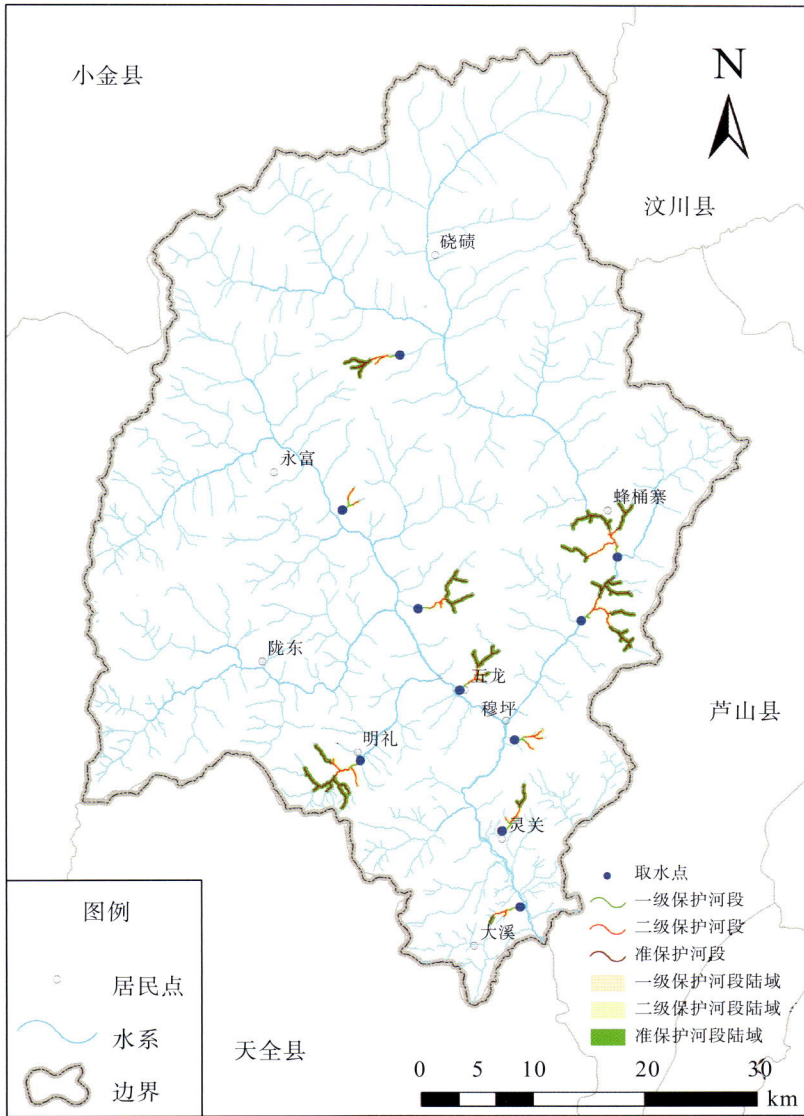

图 3-3　水源地保护区分布

## 2. 农田灌溉

宝兴山地地貌决定了农田生态系统比例很小，面积为 8796hm²，占全县土地面积的 2.8％。农田主要分布在河谷中，集中在三个区域，灵关、陇东和硗碛（图 3-4）。除少数土地用于种植水稻外，绝大部分耕地都是旱坡地，可以认为没有直接利用生态系统涵养水源，而依靠降水灌溉。

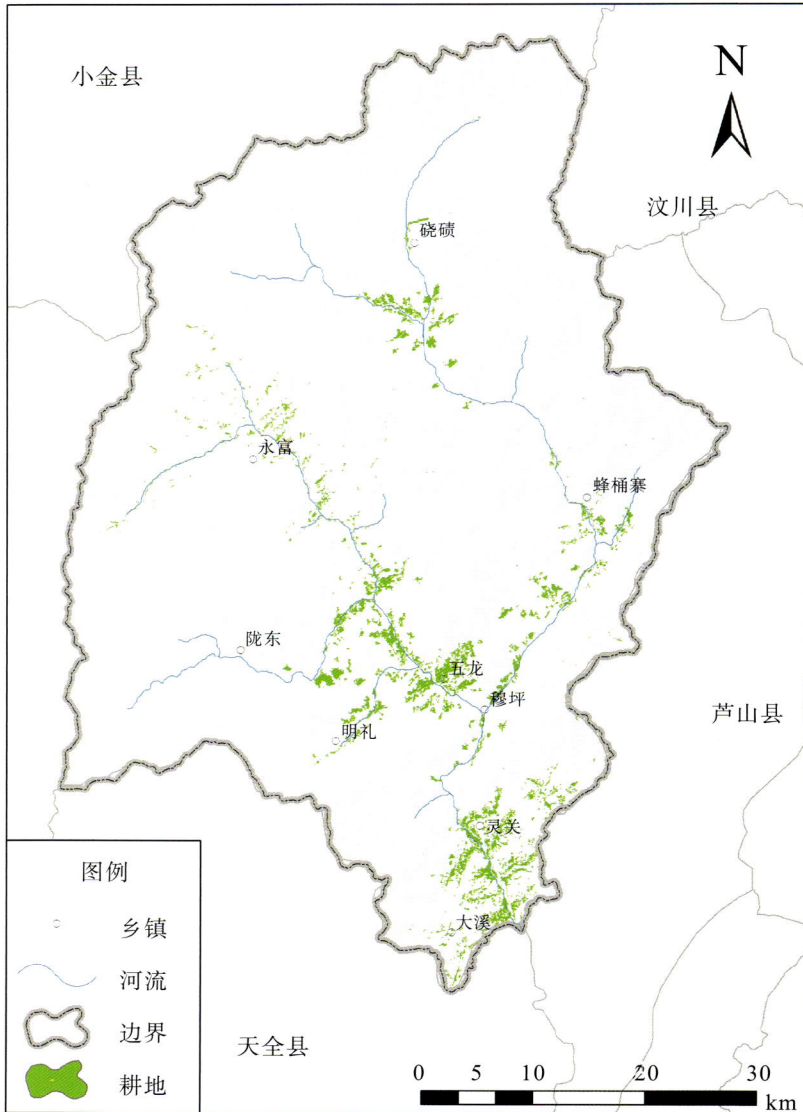

图 3-4  耕地分布

## 3.1.4  本地供求关系

宝兴县多年平均水资源量为 31.47 亿 $m^3$，水源涵养量为 4.86 亿 $m^3$，而供水量为 0.36 亿 $m^3$，供水量仅为水资源总量的 1.14%，而占水源涵养功能的 7.41%。图 3-5 显示了各乡镇水资源供需情况，其中灵关镇需求量较高，而硗碛乡需求量较低，但都处于水资源供给远大于需求的状况。

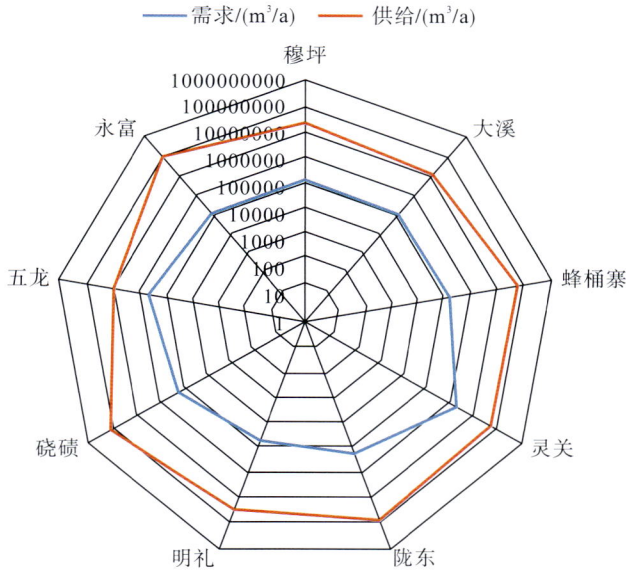

图 3-5　供水服务供求关系

## 3.1.5　价值化

水源涵养服务价值主要考虑水源供给服务价值，水源供给服务价值一般采用市场定价法进行评估，包括两个层次：①未经任何人工处理的原水，依据水利部门制定的水资源使用价格；②为满足一定需求进行水质的处理，用自来水、农业用水、工业用水价格表示[135]。不同层次的市场定价法计算结果不同，可根据研究区实际情况选取合理的方法。

宝兴县供水服务价值采用水价进行计算，由于后者相对固定，因此供水服务价值并不受供求关系的影响；采用市场定价法，选择三种水价进行水源涵养服务价值评估。

（1）依据发改价格［2013］29 号关于水资源费征收标准有关问题的通知，以及"十二五"末各地区水资源费最低征收标准，确定地表水资源价格为 0.30 元/m³，宝兴县水源服务价值总量为 1.46 亿元。

（2）根据雅价农［2004］120 号文件，关于居民生活用水、工业用水、经营服务用水和公益用水价格的规定，取平均值为 1.46 元/m³，计算得到宝兴县水源涵养服务价值为 7.11 亿元。

（3）根据《雅安市自来水价格调整方案》，设市城市原则上 2015 年底前要全面实行居民阶梯水价制度，县城城区以及其他具备实施条件的建制镇原则上 2018 年底前全面实施居民阶梯水价制度，调整后的各类水价格平均值为 2.48 元/m³，计算得到宝兴县水源涵养服务价值为 12.06 亿元。

三种方法计算出来的宝兴县水源涵养服务价值见表 3-1，水源涵养价值分别为 1.46 亿元、7.11 亿元和 12.06 亿元，单位面积水源涵养服务价值分别为 468.64 元/hm²、2284.64 元/hm² 和 3874.13 元/hm²。由于宝兴县本身利用的水源涵养服务很小，直接扣除后，对于下游能够产生的水源涵养服务价值分别为 1.35 亿元、6.58 亿元和 11.16 亿元。

表 3-1　宝兴县水源涵养服务价值

| 核算方法 | 价格 /(元/m³) | 水源涵养量 /(10⁸ m³) | 总价值 /亿元 | 净水源涵养量 /(10⁸ m³) | 净水源涵养价值 /亿元 |
|---|---|---|---|---|---|
| 方法 1 | 0.30 | 4.86 | 1.46 | 4.5 | 1.35 |
| 方法 2 | 1.46 | 4.86 | 7.11 | 4.5 | 6.58 |
| 方法 3 | 2.48 | 4.86 | 12.06 | 4.5 | 11.16 |

生态系统水源涵养服务价值的空间格局如图 3-6，水源涵养服务价值的分布趋势和水源涵养量分布相同，空间格局是由海拔较低的县域南部向海拔较高的县域北部减小。

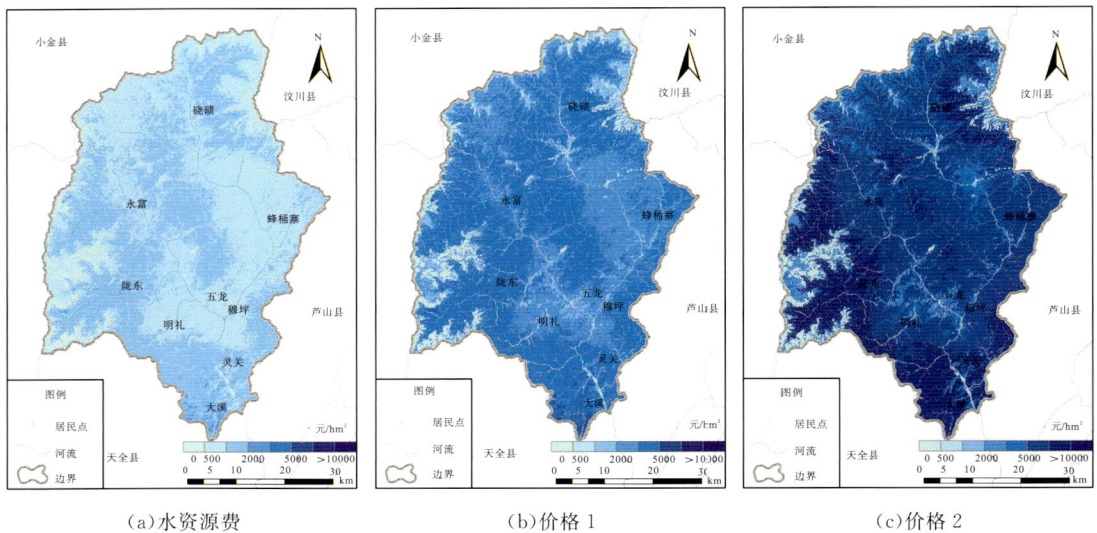

(a)水资源费　　　　　　　　　(b)价格 1　　　　　　　　　(c)价格 2

图 3-6　水源涵养价值

不同生态系统水源涵养服务价值差异显著，由高到低的顺序依次为：森林＞草地＞水田＞旱地＞裸地(表 3-2)。其中，森林的水源涵养服务价值最高为 4541.38 元/hm²，而最低的裸地其水源涵养服务价值仅为 823.73 元/hm²，二者相差 5.35 倍。不同生态系统水源涵养价值变化基于不同生态系统水源涵养量变化，二者变化趋势相同。从整个宝兴县分布看，森林的水源涵养价值占水源涵养总价值的 85.33%，草地的水源涵养价值占总价值的 11.07%。

表 3-2　生态系统水源涵养服务价值

| 生态系统 | 面积 /km² | 面积比例/% | 水源涵养量 /(m³/hm²) | 价值 1 /(元/hm²) | 价值 2 /(元/hm²) | 价值 3 /(元/hm²) | 价值比例 /% |
|---|---|---|---|---|---|---|---|
| 森林 | 2265.78 | 73.15 | 1831.20 | 549.36 | 2678.13 | 4541.38 | 85.33 |
| 草地 | 397.77 | 12.84 | 1352.54 | 405.76 | 1978.08 | 3354.29 | 11.07 |

续表

| 生态系统 | 面积/km² | 面积比例/% | 水源涵养量/(m³/hm²) | 价值1/(元/hm²) | 价值2/(元/hm²) | 价值3/(元/hm²) | 价值比例/% |
|---|---|---|---|---|---|---|---|
| 水田 | 0.12 | 0.0039 | 1299.93 | 389.98 | 1901.14 | 3223.82 | 0.00 |
| 旱地 | 86.54 | 2.79 | 774.76 | 232.43 | 1133.09 | 1921.41 | 0.99 |
| 裸地 | 319.57 | 10.32 | 332.15 | 99.65 | 484.94 | 823.73 | 2.18 |
| 其他 | 27.80 | 0.90 | 61.60 | 18.48 | 89.94 | 152.77 | 0.04 |

注：价值1、2、3分别对应水价为0.3元/m³、1.46元/m³、2.48元/m³计算出来的水源涵养价值。

　　水源涵养服务价值具有明显的随海拔增加而变化的趋势（表3-3），其中，1000～1500m 的水源涵养服务价值最大，其值为4718.41元/hm²；水源涵养服务价值在500～3000m内呈现先增加后减低再增加的波动变化趋势；在3000m以上，随着海拔升高，水源涵养服务价值呈现显著下降趋势。不同海拔水源涵养服务价值变化基于不同海拔水源涵养量变化，二者变化趋势相同。从整个宝兴县分布看，海拔1000～2000m的水源涵养服务价值占总价值的20.59%，而海拔2000～4000m的水源涵养服务价值占总价值的75.57%。

表 3-3　水源涵养服务价值随海拔变化

| 海拔/m | 面积/km² | 面积比例/% | 水源涵养量/(m³/hm²) | 价值1/(元/hm²) | 价值2/(元/hm²) | 价值3/(元/hm²) | 价值比例/% |
|---|---|---|---|---|---|---|---|
| 500～1000 | 33.92 | 1.09 | 1640.09 | 492.03 | 2398.63 | 4067.42 | 1.14 |
| 1000～1500 | 220.31 | 7.10 | 1902.58 | 570.78 | 2782.53 | 4718.41 | 8.63 |
| 1500～2000 | 364.87 | 11.75 | 1594.71 | 478.41 | 2332.27 | 3954.89 | 11.96 |
| 2000～3000 | 1158.44 | 37.32 | 1694.92 | 508.48 | 2478.83 | 4203.41 | 40.37 |
| 3000～4000 | 1044.83 | 33.66 | 1637.48 | 491.24 | 2394.81 | 4060.95 | 35.20 |
| 4000～5000 | 281.20 | 9.06 | 466.03 | 139.81 | 681.57 | 1155.76 | 2.69 |
| >5000 | 0.61 | 0.02 | 106.33 | 31.90 | 155.51 | 263.70 | 0.0014 |

　　水源涵养服务价值具有明显的随坡度增加而变化的趋势（表3-4），当坡度小于10°，水源涵养服务价值随坡度增大而增加，坡度在5°以下，水源涵养服务价值为3144.43元/hm²，当坡度增加到5°～10°，水源涵养价值增加到4270.73元/hm²，增幅为35.82%，之后随坡度的增加水源涵养价值呈现下降趋势。不同坡度水源涵养服务价值变化基于不同坡度水源涵养量变化，二者变化趋势相同。从整个宝兴县分布看，随着坡度的增加，水源涵养服务价值比例显著增加，坡度在25°以上的水源涵养服务价值占总价值的76.55%，坡度为5°～10°的水源涵养服务价值占总价值的10.63%，二者共占总价值的87.18%，坡度小于5°的水源涵养服务价值占总价值的1.07%，价值比例最低。

表 3-4　水源涵养服务价值随坡度变化

| 坡度/(°) | 面积/km² | 面积比例/% | 水源涵养量/(m³/hm²) | 价值 1/(元/hm²) | 价值 2/(元/hm²) | 价值 3/(元/hm²) | 价值比例/% |
|---|---|---|---|---|---|---|---|
| <5 | 37.59 | 1.21 | 1267.92 | 380.38 | 1854.33 | 3144.43 | 1.07 |
| 5~10 | 43.85 | 1.41 | 1722.07 | 516.62 | 2518.52 | 4270.73 | 1.64 |
| 10~15 | 100.67 | 3.24 | 1671.62 | 501.49 | 2444.75 | 4145.62 | 3.51 |
| 15~20 | 195.56 | 6.30 | 1628.01 | 488.40 | 2380.97 | 4037.47 | 6.59 |
| 20~25 | 320.87 | 10.34 | 1607.12 | 482.14 | 2350.41 | 3985.65 | 10.63 |
| >25 | 2405.66 | 77.50 | 1553.34 | 466.00 | 2271.77 | 3852.30 | 76.55 |

水源涵养服务价值在不同乡镇之间体现出了其空间差异，由高到低的顺序依次为：大溪乡>灵关镇>明礼乡>永富乡>穆坪镇>陇东镇>蜂桶寨乡>硗碛乡>五龙乡（表 3-5）。水源涵养服务价值最高的乡镇为大溪乡，为 7138.31 元/hm²，水源涵养服务价值最低的乡镇为五龙乡 3027.61 元/hm²，二者相差 2.35 倍。不同乡镇水源涵养服务价值差异基于不同乡镇水源涵养量的不同。从整个宝兴县来看，硗碛乡水源涵养服务价值占总价值的比例最高，永富乡次之，五龙乡最低，价值比例分别为 26.68%、21.87%、1.88%。

表 3-5　各乡镇水源涵养服务价值

| 乡镇 | 面积/km² | 面积比例/% | 水源涵养量/(m³/hm²) | 价值 1/(元/hm²) | 价值 2/(元/hm²) | 价值 3/(元/hm²) | 价值比例/% |
|---|---|---|---|---|---|---|---|
| 硗碛乡 | 947.70 | 30.45 | 1368.84 | 410.65 | 2001.94 | 3394.74 | 26.68 |
| 永富乡 | 657.49 | 21.12 | 1617.13 | 485.14 | 2365.05 | 4010.47 | 21.87 |
| 蜂桶寨乡 | 367.55 | 11.81 | 1423.84 | 427.15 | 2082.37 | 3531.13 | 10.76 |
| 陇东镇 | 495.52 | 15.92 | 1524.12 | 457.24 | 2229.03 | 3779.82 | 15.53 |
| 穆坪镇 | 166.52 | 5.35 | 1602.84 | 480.85 | 2344.15 | 3975.04 | 5.49 |
| 五龙乡 | 74.74 | 2.40 | 1220.81 | 366.24 | 1785.44 | 3027.61 | 1.88 |
| 明礼乡 | 116.99 | 3.76 | 1625.11 | 487.53 | 2376.73 | 4030.28 | 3.91 |
| 灵关镇 | 234.54 | 7.53 | 2244.68 | 673.40 | 3282.84 | 5566.80 | 10.83 |
| 大溪乡 | 51.70 | 1.66 | 2878.35 | 863.51 | 4209.59 | 7138.31 | 3.06 |

# 3.2　土壤保持

## 3.2.1　土壤保持评估模型

**1.　模型原理**

土壤保持是生态系统的重要功能，通常用土壤保持量作为评价土壤保持功能的定量指标。土壤保持量采用潜在土壤侵蚀量与现实土壤侵蚀量的差值来表示，见式(3-8)。

$$Ac = Ap - Ar \qquad (3-8)$$

式中，$Ap$ 为潜在土壤侵蚀量，$t/(hm^2 \cdot a)$；$Ar$ 为现实土壤侵蚀量，$t/(hm^2 \cdot a)$；$Ac$ 为土壤保持量，$t/(hm^2 \cdot a)$。

潜在土壤侵蚀量和现实土壤侵蚀量采用 USLE 模型[136,137]计算，见式(3-9)。

$$A = R \cdot K \cdot LS \cdot C \cdot P \qquad (3-9)$$

式中，$A$ 为单位面积上土壤流失量；$R$ 为降雨侵蚀力因子；$K$ 为土壤可蚀性因子；$L$ 为坡长因子；$S$ 为坡度因子；$C$ 为作物覆盖和管理因子；$P$ 为水保措施因子。

1)$R$ 值的计算

$R$ 值反映了降雨条件下雨水对土壤的剥离、搬移、冲刷能力大小，表现了降雨导致土壤流失的潜在能力[138]。不同类型雨量资料估算降雨侵蚀力的精度不同，通过各种算法的比较[139-141]，以日雨量模型计算侵蚀力[142,143]的精度明显最高。其计算模型如式(3-10)所示。

$$M_i = \alpha \sum_{j=1}^{k} (D_j)^{\beta} \qquad (3-10)$$

式中，$M_i$ 为第 $i$ 个半月时段的侵蚀力值，$MJ \cdot mm/(hm^2 \cdot h)$；$k$ 为该半月时段内的天数；$D_j$ 为半月时段内第 $j$ 天的侵蚀性日雨量，要求日雨量$\geqslant$12mm，否则以 0 计算；$\alpha$ 和 $\beta$ 为模型待定参数，利用日雨量参数估计模型参数 $\alpha$ 和 $\beta$。

2)$K$ 值的估算

利用 1990 年 Williams 等人在侵蚀—生产力影响评价模型(EPIC)中发展形成的土壤可蚀性因子 $K$ 值计算公式[144]。

$$\begin{aligned}
K = &\{0.2 + 0.3\exp[-0.0256SAN(1 - SIL/100)]\} \times [SIL/(CLA + SIL)]^{0.3} \\
&\times \{1.0 - 0.025C/[C + \exp(3.72 - 2.95C)]\} \qquad (3-11) \\
&\times \{1.0 - 0.7SN_1/[SN_1 + \exp(-5.51 + 22.9SN_1)]\}
\end{aligned}$$

式中，$SAN$、$SIL$、$CLA$ 和 $C$ 是砂粒、粉粒、黏粒和有机碳含量，%；$SN_1 = 1 - SAN/100$。

3)$LS$ 因子的计算

采用黄炎和等[145]建立的公式以及 InVEST 模型计算坡长的方法计算的结果比较合理，并分为陡坡和缓坡分别计算。

（1）对于缓坡地区。

$$LS = \left(\frac{flowacc \times cellsize}{22.13}\right)^{mn} \times \left[\left(\frac{\sin(slope \times 0.01745)}{0.09}\right)^{powl}\right] \times multl$$

$$mn = \begin{cases} 0.5, & slope \geqslant 5\% \\ 0.4, & 3.5\% < slope < 5\% \\ 0.3, & 1\% < slope \leqslant 3.5\% \\ 0.2, & slope \leqslant 1\% \end{cases} \tag{3-12}$$

式中，$flowacc$ 为栅格的集流量；$cellsize$ 为分辨率；$powl$ 和 $multl$ 为描述自然面蚀的参数，低值用于面蚀，高值用于小沟侵蚀，取值从 1.2 到 1.8，默认值分别为 1.4 和 1.6。

（2）对于陡坡地区。

$$LS = 0.08 \times \lambda^{0.35} \times prct\_slope^{0.6}$$

其中

$$\lambda = \begin{cases} cellsize, & flowdir = 1,4,16 \text{ 或 } 64 \\ 1.4 \times cellsize, & other\ flowdir \end{cases} \tag{3-13}$$

式中，$prct\_slope$ 为栅格百分坡度；$flowdir$ 为每个栅格的径流方向。

4）$C$ 值的确定

植被覆盖与土壤侵蚀之间存在十分密切的关系。一般而言，植被覆盖度越高的地区，土壤侵蚀强度等级越低，土壤侵蚀较轻；反之，植被覆盖度越低的地区，土壤侵蚀强度等级越高，土壤侵蚀严重[146,147]。群落盖度是反映植被保持水土的较好尺度。对于森林来说，尽管林冠的直接防蚀意义小，但它对森林环境的形成及贴地面覆盖物枯枝落叶的维持起着决定性的作用而有重要的群落学意义[148]。在无人为破坏的情况下，林冠层盖度的大小与林地枯落物数量的多少是相一致的。

5）$P$ 值的计算

$P$ 因子指采用专门措施后的土壤流失量与采用顺坡种植时的土壤流失量的比值[149,150]。

**2.**  数据与参数

本书中土壤保持服务功能评估所需数据与水源涵养服务功能一致。USLE 模型中，不同土地利用类型的 $C$ 值的选取主要依据宝兴县的植被类型和覆盖度，并结合国内外相关研究资料来确定。在确定 $P$ 值时，由于宝兴县主要是水田和旱地，有一定的水保措施因子，根据刘得俊等[151]对西宁市土壤侵蚀监测的研究，取水田的 $P$ 值为 0.15，旱地的 $P$ 值为 0.35，其余土地利用类型 $P$ 值均取 1。

## 3.2.2  宝兴县土壤保持服务

宝兴县土壤保持功能为 127.40t/hm²，标准差为 207.98t/hm²，生态系统土壤保持总量为 3967.22 万 t。土壤保持功能的空间格局并不清晰，大致上东河流域高于西河，县域中部和北部地区相对偏高(图 3-7)。

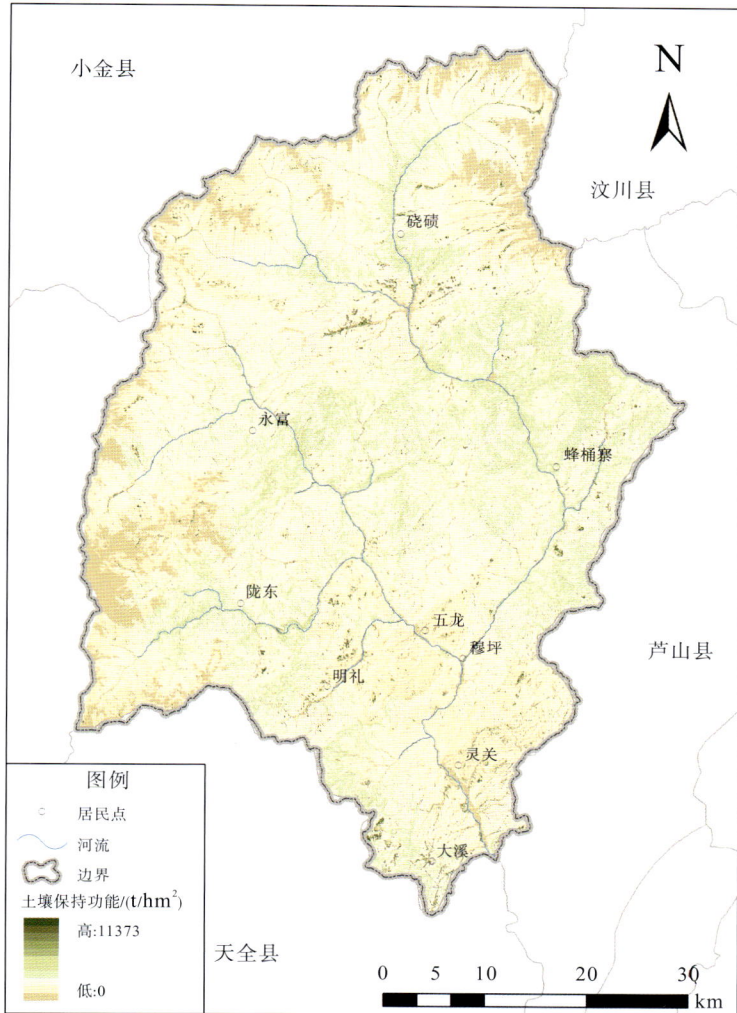

图 3-7　土壤保持功能

### 3.2.3　土壤保持服务的需求

土壤保持服务主要用于维持土地生产力、保护土地和减少泥沙对水利工程的影响。土壤保持功能也不是消耗性服务，而是可以被多个电站重复利用。截至 2006 年年底，我国水电总装机容量已接近 1.3 亿 kW，大约有 30%～40% 的机组存在泥沙磨损问题[152]。青铜峡水电站根据运行历史记录，机组初期运行 5 年，效率降低 16%，即平均每年降低 3.2%[153]。

宝兴县域内对土壤保持服务的需求主要来自水电开发，其中硗碛水库是宝兴河水电梯级开发的龙头水库，位于宝兴县北部的硗碛乡，海拔约 2100m。水库建于 2007 年，总装机 24 万 kW，总库容为 2 亿 m³。

不同电站的淤积情况不同，成本来自首部工程增加冲砂的考虑以及运行期间需要停机冲砂带来的经济效益损失，此外还有水轮机组的磨损。根据民治电站的计算，由于汛期停机冲砂 5 次，每次 6h，以 12 万 kW 装机计算，将损失发电 30 万度，约 8 万元人民币。按年发电时数算，民治电站装机 105MW，年发电量 4.62 亿 kW·h，计算得到发电时数 4400h，年停机冲砂 30h，占总发电时数的 0.68%。由于目前的侵蚀模数在 200t/km²，而生态系统的土壤保持功能平均在 5000t/km²，由此产生的成本应该在 100 万元以上。根据 2007 年的资料，宝兴县有 65 个水电站，总装机容量 127.6 万 kW(图 3-8)。

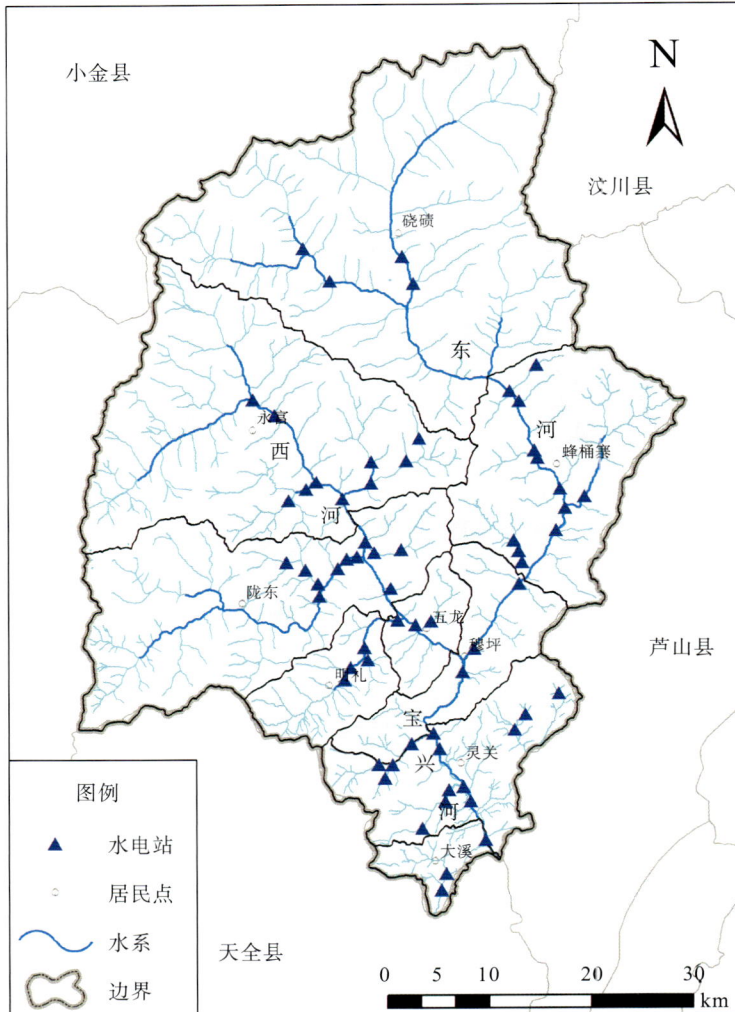

图 3-8　宝兴水电站分布

### 3.2.4　本地供求关系

由于土壤保持服务为调节服务，对于宝兴而言主要是防止水库淤积和水电站的运行。总体上宝兴生态系统的土壤保持服务已经达到比较高的水平，土壤保持功能已经达到 98%，提升空间有限，重要的是维护现有功能，保证价值的实现。另外，部分植被覆盖度较低的地区对土壤保持功能的需求较大,这可能需要通过生态补偿进一步达到功能提升的目标。

### 3.2.5　价值化

**1. 土壤保持服务价值化方法**

1)保持土壤养分的经济价值

保持土壤养分的经济价值主要指生态系统保持土壤中 N、P、K 营养物质的经济价值。根据宝兴县土壤中养分的平均含量,采用式(3-14)可计算宝兴县不同类型生态系统保持土壤营养物质的经济价值。

$$En = \sum (A \times C_i \times n_i \times P_i)(i = \mathrm{N, P, K}) \tag{3-14}$$

式中,$En$ 为保持土壤养分经济价值,元/a;$A$ 为土壤保持总量,t/a;$C_i$ 为土壤中养分(N、P、K)平均含量;$n_i$ 为土壤中碱解氮、速效磷和速效钾折算为硫酸铵、过磷酸钙和氯化钾肥料的系数;$P_i$ 为 N、P、K 肥料的价格,元/t。

2)减少废弃土地的经济价值

根据宝兴县生态系统保持土壤总量和土壤容重计算出保持土壤的体积,再除以土壤厚度,推算出因为土壤侵蚀而造成的废弃土地面积,最后应用机会成本法计算废弃土地的经济价值,具体计算见式(3-15)。

$$Ed = \sum [(A_i \div \rho \div h) \div 10000 \times p_i] \tag{3-15}$$

式中,$Ed$ 为减少废弃土地的经济价值,元/a;$A_i$ 为第 $i$ 种生态系统土壤保持量;$\rho$ 为土壤容重,t/m³;$p_i$ 为 $i$ 种生态系统单位面积的机会成本,或者 $i$ 种生态系统的年均效益,元/(hm²·a);$h$ 为土壤厚度,m。

3)避免水电站停机的经济价值

因土壤保持功能而避免水电站停机的经济价值,主要考虑首部工程增加冲砂以及运行期间需要停机冲砂带来的经济效益损失,此外还有水轮机组的磨损。根据文献资料,结合宝兴县水电站实际情况,计算保持每吨土壤对避免水电站停机产的价值,再乘以宝兴县土壤保持量,得到避免水电站停机的经济价值。

**2. 宝兴县土壤保持服务价值**

1)保持土壤养分的经济价值

N、P、K 的含量采用 2013 年在宝兴县采集土样中碱解氮、速效磷、速效钾的平均含量,分别为 162.00 mg/kg、14.32 mg/kg、95.17mg/kg。碱解氮、速效磷、速效钾换算为硫酸铵、过磷酸钙和氯化钾的系数分别为 4.762,3.373 和 1.667。2010 年 2 月硫酸铵、过磷酸钙和氯化钾的市场价格分别为 661 元/t、410 元/t 和 2200 元/t。

土壤侵蚀导致土壤中 N、P 和 K 的损失,因此土壤需要施加更多的化肥,所以宝兴县生态系统减少土壤养分的经济价值可以由化肥的价格、保持的土壤量和土壤养分含量计算得到。通过式(3-14),可计算得出宝兴县生态系统保持服务价值每年为 3486.21 万元,单位面积保持土壤养分的经济价值为 111.95 元/hm²，见图 3-9a。

2）减少废弃土地的经济价值

土壤容重采用由南京土壤研究所提供的土壤表层 0～30cm 的平均容重，土壤深度也由南京土壤研究所提供。各个生态系统的机会成本，采用 2010 年宝兴县统计年鉴中的种植业、林业和牧业的总产值除以对应的面积，得到各个生态系统单位面积的年均收益，其值分别为 18476.98 元/hm²、182.59 元/hm²、5273.92 元/hm²。

土壤侵蚀导致表土耕作层的流失，最终将导致土地废弃，生态系统的土壤保持功能对这种土地损失有缓解作用。根据宝兴县种植业、林业和牧业年均收益，运用式（3-15）对宝兴县耕地、林地、草地生态系统保护土壤的经济价值进行计算，草地的机会成本以牧业计算，耕地的机会成本都以种植业计算。宝兴县减少废弃土地的经济价值每年为 467.62 万元，单位面积减少土地废弃的经济价值为 15.02 元/hm²，见图 3-9b。

3）避免水电站停机的价值

按宝兴电站的发电总时数按 4500h 计算，总装机容量为 1276290 kW·h，计算出损失的电量，乘以上网电价 0.328 元/(kW·h)，得到停机损失价值 1265.37 万元。可以作为土壤保持服务对于水电站的价值下限。2010 年宝兴县平均侵蚀模数为 1200t/km²，潜在侵蚀模数为 14088t/km²，潜在侵蚀模数为现实侵蚀模数的 54 倍。则价值上限为 1265.37×54＝6.83 亿元。生态系统保持 1t 土壤对水电站的价值为 1265.37×10⁴÷(1200×3114)＝3.39 元/t。这个数值与防止水库淤积的单位价值接近。乘以宝兴县土壤保持量，得到避免水电站停机的价值。宝兴县土壤保持避免水电站停机的经济价值每年为 1.34 亿元，单位面积避免水电站停机的经济价值为 431.88 元/hm²，见图 3-9c。

（a）减少养分流失价值                                （b）减少土地废弃价值

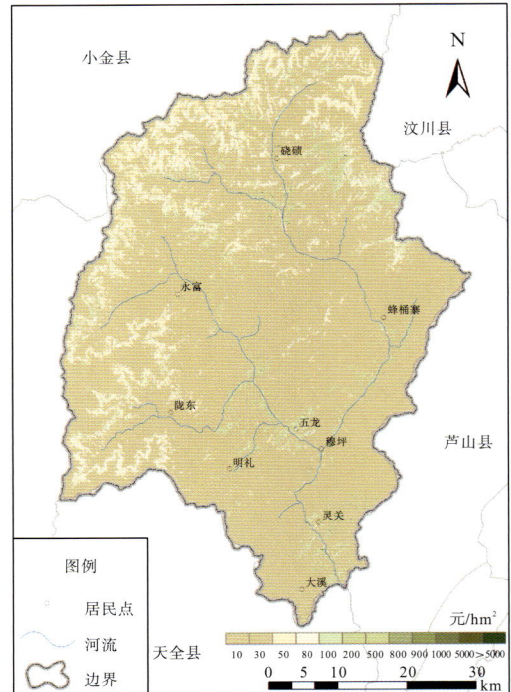

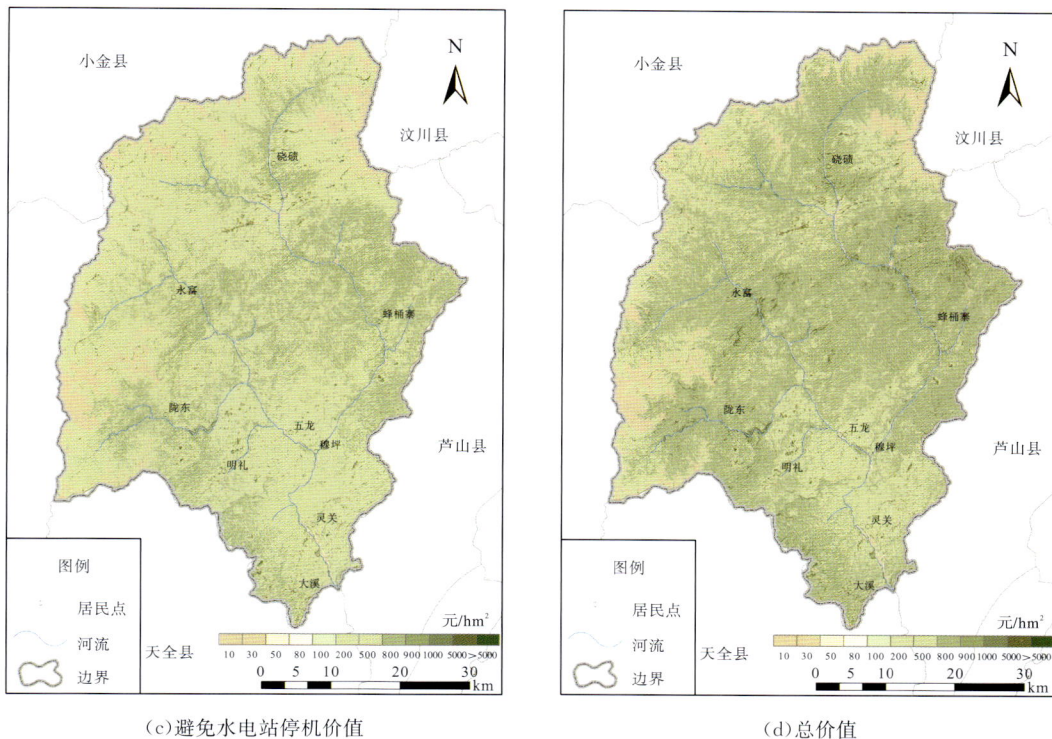

（c）避免水电站停机价值　　　　　　　　　　（d）总价值

图 3-9　土壤保持服务价值

**3. 土壤保持服务价值的空间格局**

将保持土壤养分的经济价值、减少废弃土地的经济价值、土壤保持避免水电站停机价值相加得到宝兴县土壤保持服务价值。宝兴县土壤保持服务价值每年为 1.74 亿元，单位面积土壤保持服务价值为 558.85 元/hm²，见图 3-9d。

不同生态系统土壤保持功能价值具有明显的差异，由高到低依次为水田＞森林＞草地＞旱地＞裸地（表 3-6）。水田的土壤保持服务价值最高，为 1931.03 元/hm²，裸地的土壤保持功能价值最低，为 154.75 元/hm²。水田处于地势平坦地区且水保措施做得好，是土壤保持功能价值高的原因。不同生态系统土壤保持功能价值差异基于不同生态系统土壤保持量的差异。从整个宝兴县来看，森林土壤保持功能价值占总价值的比例最高，草地次之，水田最低，价值比例分别为 81.93％、12.72％和 0.01％。

表 3-6　生态系统土壤保持价值

| 生态系统 | 面积/km² | 面积比例/% | 土壤保持量/(t/hm²) | 价值1/(元/hm²) | 价值2/(元/hm²) | 总价值/(元/hm²) | 价值比例/% |
|---|---|---|---|---|---|---|---|
| 森林 | 2265.78 | 73.15 | 143.86 | 128.76 | 486.23 | 615.00 | 81.93 |
| 草地 | 397.77 | 12.84 | 127.04 | 179.28 | 429.38 | 608.67 | 12.72 |
| 水田 | 0.12 | 0.0039 | 364.97 | 697.43 | 1233.60 | 1931.03 | 0.01 |

续表

| 生态系统 | 面积/km² | 面积比例/% | 土壤保持量/(t/hm²) | 价值1/(元/hm²) | 价值2/(元/hm²) | 总价值/(元/hm²) | 价值比例/% |
|---|---|---|---|---|---|---|---|
| 旱地 | 86.54 | 2.79 | 109.50 | 264.40 | 370.12 | 634.52 | 2.39 |
| 裸地 | 319.57 | 10.32 | 36.33 | 31.93 | 122.80 | 154.75 | 2.90 |
| 其他 | 27.80 | 0.90 | 7.62 | 6.70 | 25.77 | 32.48 | 0.05 |

注：价值1为保持土壤养分价值与减少废弃土壤价值之和；价值2为防止水电站停机价值；总价值为价值1与价值2之和；余同。

利用宝兴县 DEM 数据将研究区分成 7 个海拔高程带，并与土壤保持量分布图及土壤保持功能价值图进行叠加分析，得到宝兴县不同海拔高程上的土壤保持价值状况（表 3-7）。结果显示，在 500~3000m 内，随着海拔的升高，土壤保持价值逐渐增加；在 3000m 以上，随着海拔的升高，土壤保持功能价值呈现显著下降的趋势；海拔 2000~3000m 土壤保持功能价值最大，为 641.44 元/hm²；海拔大于 5000m 地区土壤保持功能价值最低，为 17.74 元/hm²。不同海拔土壤保持功能价值变化基于不同海拔土壤保持的量变化，二者变化趋势相同。从整个宝兴分布看，2000~3000m 高程带土壤保持功能价值占总价值的比例最高 3000~4000m 高程带次之，价值比例分别为 43.48%、32.65%，二者共占总价值的 76.13%。

表 3-7　土壤保持价值随海拔变化

| 海拔/m | 面积/km² | 面积比例/% | 土壤保持量/(t/hm²) | 价值1/(元/hm²) | 价值2/(元/hm²) | 总价值/(元/hm²) | 价值比例/% |
|---|---|---|---|---|---|---|---|
| 500~1000 | 33.92 | 1.09 | 123.24 | 174.01 | 416.55 | 590.57 | 1.05 |
| 1000~1500 | 220.31 | 7.10 | 132.29 | 143.39 | 447.15 | 590.54 | 7.34 |
| 1500~2000 | 364.87 | 11.75 | 136.39 | 133.15 | 461.01 | 594.17 | 12.54 |
| 2000~3000 | 1158.44 | 37.32 | 148.97 | 137.91 | 503.53 | 641.44 | 43.48 |
| 3000~4000 | 1044.83 | 33.66 | 124.14 | 131.42 | 419.59 | 551.02 | 32.65 |
| 4000~5000 | 281.20 | 9.06 | 43.66 | 46.99 | 147.59 | 194.59 | 2.94 |
| >5000 | 0.61 | 0.02 | 4.21 | 3.51 | 14.23 | 17.74 | 0.00 |

利用宝兴县 30m×30m DEM 数据生成的坡度等级图，将其与土壤保持量分布图及土壤保持功能价值分布图进行叠加，得到不同坡度的土壤保持服务价值情况（表 3-8）。结果显示，总体上土壤保持功能价值随坡度的增加而变化，坡度在 10°~15°时具有最大的土壤保持功能价值，为 1879.16 元/hm²；坡度在小于 5°时具有最小的土壤保持功能价值，为 165.78 元/hm²。不同坡度土壤保持功能价值变化基于不同坡度土壤保持的量变化，二者变化趋势相同。从整个宝兴分布看，坡度大于 25°的土壤保持功能价值占总价值的比例最高，坡度在 10°~15°的次之，坡度小于 5°的最低，价值比例分别为 75.94%、

10.84%、0.36%。

表 3-8　土壤保持价值随坡度变化

| 坡度/(°) | 面积/km² | 面积比例/% | 土壤保持量/(t/hm²) | 价值1/(元/hm²) | 价值2/(元/hm²) | 总价值/(元/hm²) | 价值比例/% |
|---|---|---|---|---|---|---|---|
| <5 | 37.59 | 1.21 | 37.27 | 39.80 | 125.98 | 165.78 | 0.36 |
| 5~10 | 43.85 | 1.41 | 260.69 | 283.44 | 881.14 | 1164.58 | 2.92 |
| 10~15 | 100.67 | 3.24 | 422.33 | 451.68 | 1427.48 | 1879.16 | 10.84 |
| 15~20 | 195.56 | 6.30 | 67.29 | 70.14 | 227.43 | 297.56 | 3.33 |
| 20~25 | 320.87 | 10.34 | 81.44 | 84.30 | 275.26 | 359.57 | 6.61 |
| >25 | 2405.66 | 77.50 | 126.48 | 123.64 | 427.51 | 551.16 | 75.94 |

　　利用宝兴县各乡镇边界图与土壤保持服务价值图叠加分析，得到宝兴县各乡镇土壤保持服务价值分布状况(表 3-9)。结果显示，各乡镇土壤保持价值由高到低依次排序为：大溪乡>蜂桶寨乡>明礼乡>灵关镇>永富乡>硗碛乡>穆坪镇>陇东镇>五龙乡。大溪乡具有最高的土壤保持价值，为 866.23 元/hm²，五龙乡具有最低土壤保持价值，为 456.53 元/hm²。不同乡镇土壤保持价值差异基于不同乡镇土壤保持量的不同。从宝兴县整体土壤保持服务价值总量上看，硗碛乡、永富乡、蜂桶寨乡土壤保持服务价值占总价值的前三位。硗碛乡土壤保持价值占总价值的 29.68%、永富乡占 20.84%、蜂桶寨乡占 14.08%。五龙乡土壤保持服务价值最小，只占 2.05%。

表 3-9　各乡镇土壤保持价值

| 乡镇 | 面积/km² | 面积比例/% | 土壤保持量/(t/hm²) | 价值1/(元/hm²) | 价值2/(元/hm²) | 总价值/(元/hm²) | 价值比例/% |
|---|---|---|---|---|---|---|---|
| 硗碛乡 | 947.70 | 30.45 | 124.28 | 130.17 | 420.06 | 550.23 | 29.68 |
| 永富乡 | 657.49 | 21.12 | 126.00 | 122.83 | 425.89 | 548.72 | 20.84 |
| 蜂桶寨乡 | 367.55 | 11.81 | 154.27 | 143.98 | 521.42 | 665.40 | 14.08 |
| 陇东镇 | 495.52 | 15.92 | 115.39 | 115.39 | 390.65 | 506.04 | 13.67 |
| 穆坪镇 | 166.52 | 5.35 | 123.07 | 115.48 | 415.98 | 531.46 | 5.29 |
| 五龙乡 | 74.74 | 2.40 | 101.59 | 113.15 | 343.39 | 456.53 | 2.05 |
| 明礼乡 | 116.99 | 3.76 | 140.44 | 134.43 | 474.67 | 609.10 | 4.22 |
| 灵关镇 | 234.54 | 7.53 | 130.87 | 131.14 | 442.34 | 573.47 | 7.74 |
| 大溪乡 | 51.70 | 1.66 | 197.33 | 199.24 | 666.98 | 866.23 | 2.43 |

## 3.3 碳吸收

### 3.3.1 碳吸收服务评估方法

**1. 碳吸收服务评估**

生态系统通过吸收 $CO_2$，缓解大气中 $CO_2$ 上升的趋势，从而对缓解全球变暖做出贡献。碳吸收功能是一个动态变化的过程，不同生态系统由于碳吸收和排放的速率不同，所具有的服务价值也存在差异。在陆地生态系统中碳吸收功能最主要的是森林[154]。本书主要考虑森林碳吸收功能。首先根据不同类型林地植被净初级生产力（NPP）即可估算出林地一年的碳吸收量，反映出该森林生态系统在单位时间内的碳吸收能力。最后碳吸收量将通过林地的 NDVI 归一化后进行调整。

$CO_2$ 吸收量可根据植物光合作用方程式计算[155]。植物光合作用时，利用太阳能，吸收 264g $CO_2$ 和 108g 水，生产出 180g 葡萄糖和 193g $O_2$，然后 180g 葡萄糖再转变为 162g 多糖在植物体内贮存。即植物每生产 1g 干物质需要 1.63g $CO_2$。利用式(3-16)计算碳吸收量。

$$C = 1.63 \times (c/co_2) \times NPP \tag{3-16}$$

式中，$C$ 为碳吸收量，t/(hm² · a)；$c$ 为一个碳原子的质量；$co_2$ 为一个 $CO_2$ 分子的质量；$NPP$ 为森林净初级生产力，t/(hm² · a)。

**2. 数据与参数**

主要的 GIS 数据包括宝兴县 2010 年的土地覆被图和 NDVI（成渝城市群生态环境十年变化遥感调查与评估项目组提供）。森林碳吸收服务功能评估的关键是确定不同森林类型的净初级生产力（NPP）。本书评估使用的 NPP 数据主要参考冯宗炜的《中国森林生态系统生物量和生产力》[156]和其他研究结果[157]。采用群系纲进行分类，集合土地覆被图，宝兴县森林植被分为常绿阔叶林、落叶阔叶林、常绿针叶林、针阔混交林、稀疏灌木林、常绿阔叶灌木林、落叶阔叶灌木林、常绿针叶灌木林、乔木园地。不同森林类型的 NPP 见表 3-10。

表 3-10　不同类型林地植被净初级生产力　　　　　　　　[单位：t/(hm² · a)]

| 植被类型 | 亚热带常绿阔叶林 | 亚热带落叶阔叶林 | 亚热带常绿针叶林 | 亚热带针阔混交林 | 灌木林 |
|---|---|---|---|---|---|
| NPP | 17.26 | 5.73 | 9.886 | 3.714 | 2.93 |

### 3.3.2 宝兴县碳吸收服务

宝兴县森林生态系统碳吸收功能为 1.73t/hm²，标准差为 1.62t/hm²。宝兴县森林生态系统碳吸收总量为 53.99 万 t（图 3-10）。

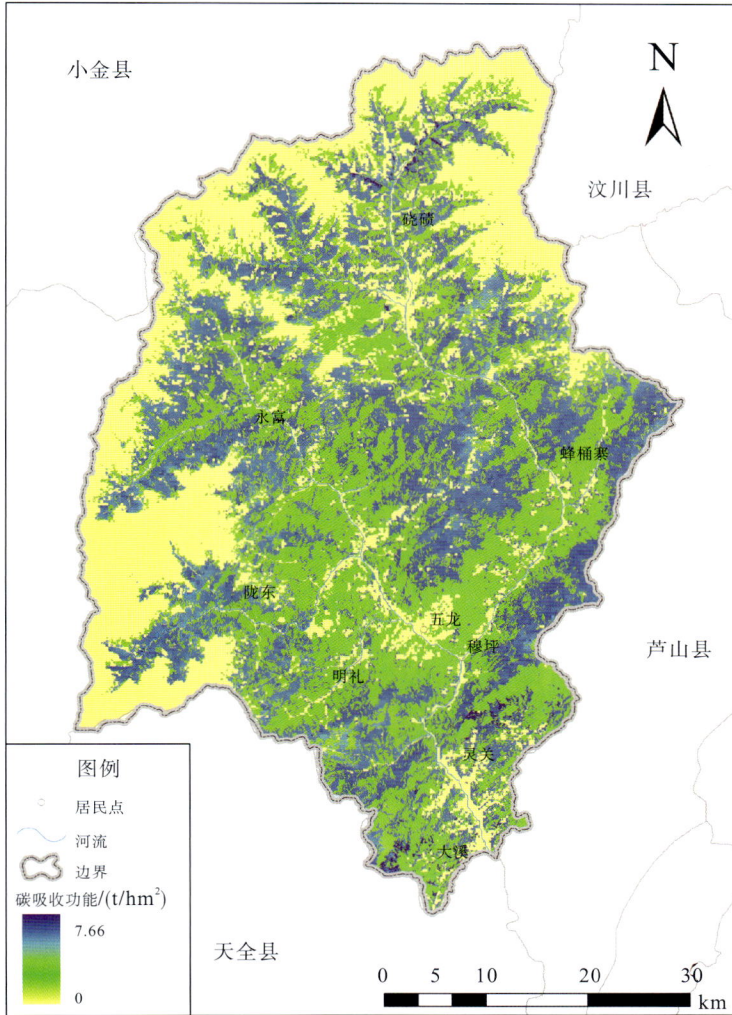

图 3-10　碳吸收功能

### 3.3.3　碳吸收服务的需求

碳吸收服务价值的实现需要通过碳交易，但是需求的对象不明确。利用节能减排的指标可以进行计算，但是目前数据还不充分。简化起见，先要扣除宝兴县自身排放的 $CO_2$。参考四川省 2010 年碳排放量的计算，万元 GDP 排放量为 0.52t，乘以宝兴县 2010 年 GDP 约 14 亿元，得到排放量为 7.28 万 t。宝兴县森林生态系统年碳吸收量为 53.99 万 t，排放量为 7.28 万 t，净碳吸收量为 46.71 万 t。

### 3.3.4　价值化

**1.　碳吸收服务功能价值化方法**

碳吸收服务价值通常采用重置成本法或碳税法计算。重置成本法也称造林成本法，即将生态系统吸收的碳量折算成单位森林生态系统吸收的碳量，然后用单位面积森林的造林成本作为吸收相应 $CO_2$ 的价值。碳税是指针对 $CO_2$ 排放所征收的税，由于生态系统吸收 $CO_2$，将减少用于缴纳碳税的费用，因此可以用减少纳税的费用表示生态系统碳吸收服务的价值。

**2. 宝兴县碳吸收服务功能价值**

根据 2010 年碳交易市场价格，每吨 $CO_2$ 价值 13.6 欧元，转换为碳，即每吨碳 49.87 欧元，再根据 2010 年欧元兑换人民币的汇率(100 欧元＝840 元人民币)，得到每吨碳的价格为 418.92 元。使用碳吸收量乘以单位碳的价格，得到宝兴县森林碳吸收价值 (图 3-11)。宝兴县碳吸收服务价值为 2.26 亿元，碳吸收服务价值为 726.32 元/ $hm^2$，林地碳吸收服务价值为 998.22 元/ $hm^2$。

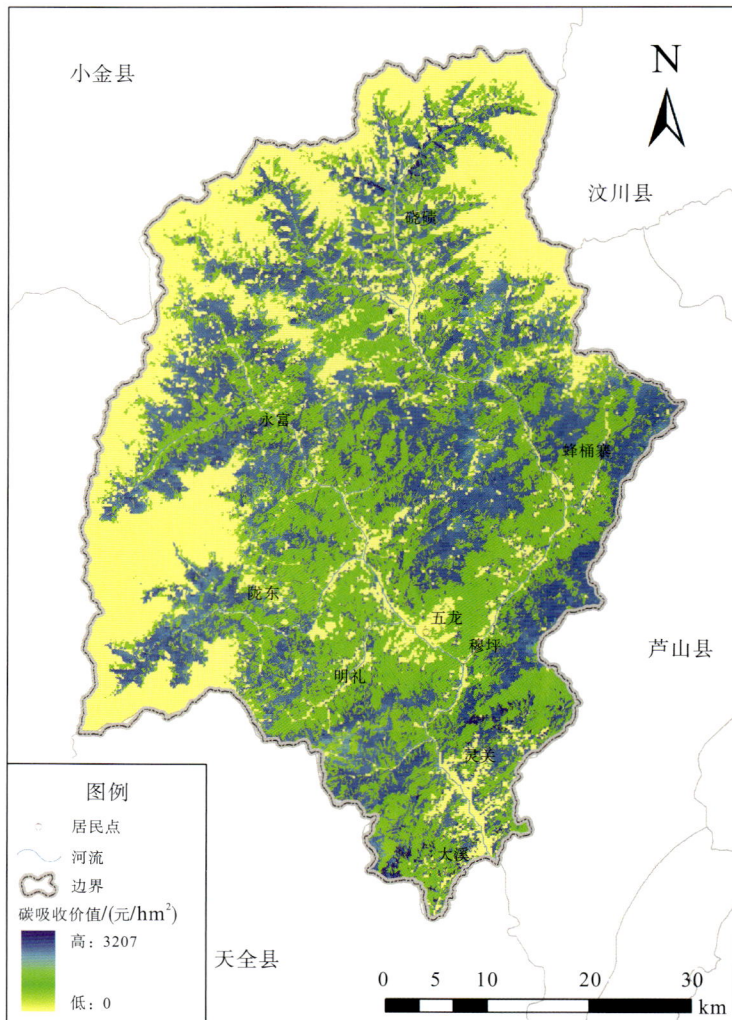

图 3-11　碳吸收服务价值

## 3. 碳吸收服务价值的空间格局

生态系统碳吸收服务价值随海拔变化，存在先增加后降低的趋势(表 3-11)。总体上，在 3000m 存在价值顶点，为 1016.00 元/hm²；当海拔小于 3000m，碳吸收服务表现出明显的逐渐增长趋势；当海拔超过 3000m 后，碳吸收服务随海拔的增长有显著的下降；当海拔超过 5000m 后，碳吸收服务价值极小。就整个宝兴县来看，其碳吸收服务价值主要集中在海拔 2000~4000m，占总碳吸收服务价值的 79.59%。

**表 3-11　碳吸收服务价值随海拔变化**

| 海拔/m | 面积/km² | 面积比例/% | 碳吸收总量/t | 碳吸收量/(t/hm²) | 碳吸收价值/(元/hm²) | 总价值/万元 | 价值比例/% |
|---|---|---|---|---|---|---|---|
| 500~1000 | 33.92 | 1.09 | 3164.73 | 0.93 | 390.86 | 132.58 | 0.59 |
| 1000~1500 | 220.31 | 7.10 | 38247.40 | 1.74 | 727.50 | 1602.26 | 7.09 |
| 1500~2000 | 364.87 | 11.75 | 68593.80 | 1.88 | 787.66 | 2873.53 | 12.72 |
| 2000~3000 | 1158.44 | 37.32 | 280924.00 | 2.43 | 1016.00 | 11768.50 | 52.09 |
| 3000~4000 | 1044.83 | 33.66 | 148330.00 | 1.42 | 594.77 | 6213.85 | 27.50 |
| 4000~5000 | 281.20 | 9.06 | 86.57 | 0.0031 | 1.29 | 3.63 | 0.02 |
| >5000 | 0.61 | 0.02 | 0.00 | 0.00 | 0.00 | 0.00 | 0.00 |

生态系统碳吸收服务价值随坡度呈现波动变化，不同坡度下，碳吸收服务价值在 533.36 元/hm² 到 763.89 元/hm² 之间(表 3-12)。在 10°以下，碳吸收服务价值随着海拔的升高呈现增加的趋势，由 5°以下的单位碳吸收服务价值 533.36 元/hm² 增加到 5°~10° 的 612.18 元/hm²。随着坡度增加到 10°~15°，碳吸收价值减少为 591.49 元/hm²。之后，随着坡度增加，碳吸收价值呈现增加趋势。从宝兴县整体来看，生态系统碳吸收服务价值主要集中在坡度大于 25°以上区域，占总价值的 81.33%。

**表 3-12　碳吸收服务价值随坡度变化**

| 坡度/(°) | 面积/km² | 面积比例/% | 碳吸收总量/t | 碳吸收量/(t/hm²) | 碳吸收价值/(元/hm²) | 总价值/万元 | 价值比例/% |
|---|---|---|---|---|---|---|---|
| <5 | 37.59 | 1.21 | 4782.24 | 1.27 | 533.36 | 200.34 | 0.89 |
| 5~10 | 43.85 | 1.41 | 6400.19 | 1.46 | 612.18 | 268.12 | 1.19 |
| 10~15 | 100.67 | 3.24 | 14200.20 | 1.41 | 591.49 | 594.87 | 2.63 |
| 15~20 | 195.56 | 6.30 | 28035.50 | 1.43 | 600.93 | 1174.46 | 5.20 |
| 20~25 | 320.87 | 10.34 | 47290.70 | 1.47 | 617.57 | 1981.10 | 8.77 |
| >25 | 2405.66 | 77.50 | 438638.00 | 1.82 | 763.89 | 18375.40 | 81.33 |

不同乡镇之间生态系统碳吸收服务价值的差异体现出宝兴县生态系统碳吸收服务价值空间差异，由高到低的顺序依次为：大溪乡＞蜂桶寨乡＞穆坪镇＞灵关镇＞明礼乡＞永富乡＞五龙乡＞陇东镇＞硗碛乡(表 3-13)。生态系统碳吸收服务价值最高的乡镇为大溪乡，为 995.08 元/hm²，碳吸收服务价值最低的乡镇为硗碛乡，为 563.38 元/hm²，二者相差 1.77 倍。从宝兴县整体上来看，硗碛乡具有最高的碳吸收服务价值，永富乡次之，五龙乡最低，分别占宝兴县总价值的 23.61%、22.24%、1.99%。

表 3-13　各乡镇碳吸收服务价值

| 乡镇 | 面积/km² | 面积比例/% | 碳吸收总量/(t/a) | 碳吸收量/(t/hm²) | 碳吸收价值/(元/hm²) | 总价值/万元 | 价值比例/% |
|---|---|---|---|---|---|---|---|
| 硗碛乡 | 947.70 | 30.45 | 127451 | 1.34 | 563.38 | 5339.17 | 23.61 |
| 永富乡 | 657.49 | 21.12 | 120076 | 1.83 | 765.07 | 5030.24 | 22.24 |
| 蜂桶寨乡 | 367.55 | 11.81 | 86520 | 2.35 | 986.12 | 3624.49 | 16.02 |
| 陇东镇 | 495.52 | 15.92 | 70816 | 1.43 | 598.69 | 2966.62 | 13.12 |
| 穆坪镇 | 166.52 | 5.35 | 37787 | 2.27 | 950.59 | 1582.96 | 7.00 |
| 五龙乡 | 74.74 | 2.40 | 10745 | 1.44 | 602.25 | 450.12 | 1.99 |
| 明礼乡 | 116.99 | 3.76 | 23129 | 1.98 | 828.22 | 968.94 | 4.28 |
| 灵关镇 | 234.54 | 7.53 | 51124 | 2.18 | 913.15 | 2141.67 | 9.47 |
| 大溪乡 | 51.70 | 1.66 | 12281 | 2.38 | 995.08 | 514.49 | 2.27 |

# 3.4　生物多样性保护

## 3.4.1　生物多样性评价方法

考虑到宝兴生物多样性的重点是保护大熊猫，参考宗雪等[158]以条件价值法对大熊猫的存在价值研究，得出大熊猫在我国存在的价值为 367 亿元。根据宝兴县蜂桶寨自然保护区资料显示，宝兴县大熊猫数量约占我国大熊猫总量的 8.4%，因此，宝兴县大熊猫保护价值为 30.83 亿元。用 InVEST 模型评价生境质量，对熊猫栖息地生境质量进行归一化，得到分摊系数，分摊总保护价值。利用 2010 年的土地覆盖数据提取大熊猫栖息地，主要为针阔混交林和针叶林(图 3-12)，分别统计蜂桶寨自然保护区与大熊猫世界遗产地的保护价值。

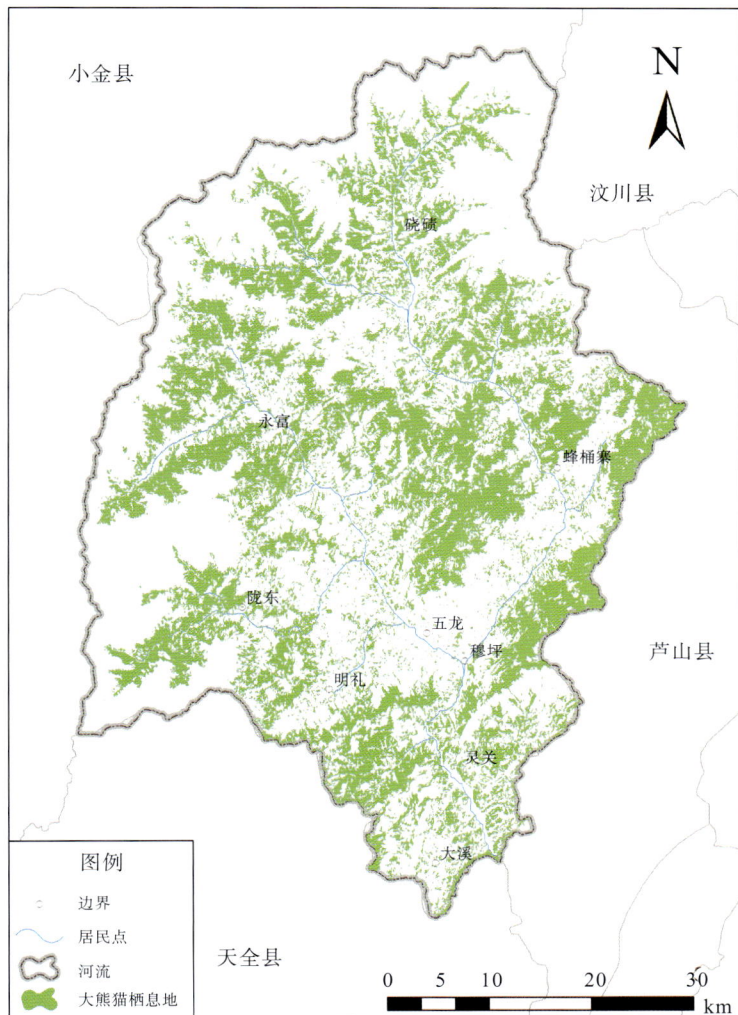

图 3-12 宝兴大熊猫栖息地

## 3.4.2 生境质量评价

**1. 模型原理**

InVEST 生物多样性模型主要从生境质量的角度评估生物多样性，认为生境质量好的地区，生物多样性也高[159]。该生境质量的概念实际上是生态系统能够提供物种生存繁衍条件的潜在能力[160]。从外界威胁强度和生态系统敏感性两方面来评价。一般情况下，自然生态系统或生境健康稳定(对外界干扰抗性强)，受威胁程度较少的地区，生境质量相对较高，物种多样性的几率较大。因此，在缺乏物种数据时，根据土地利用/土地覆被和干扰源等数据评估其生境质量，往往是对生态系统生物多样性保护功能最好的映射，这为生物多样性评估提供了一个快速简便的方法。

模型原理：①生境威胁源。每种威胁的类型对于生境的干扰强度不同，一些威胁类型对所有的生境类型破坏都要强一些，相对影响得分（权重）反映了这种情况。大熊猫栖息地主要的威胁源为农田、道路、矿山、水电站、居民点和人口密度。通常，威胁的程度随栅格与威胁源距离的增加而减少。衰减方式表示威胁源对生境的影响随距离增加而递减的方式。1表示呈线性衰减，0表示呈指数衰减。②生境敏感性。由于每种土地利用类型对威胁的响应不同，模型考虑了不同土地利用类型对威胁源的敏感程度。根据土地利用类型将全部生态系统分为自然生态系统和非自然生态系统，不考虑非自然生态系统对威胁源的敏感性，即不考虑各威胁源之间的相互干扰。取值范围为0~1，1表示具有高度敏感性，0表示不具有敏感性。土地利用不是自然生态系统也不要填空格，可以输入0，模型会自动将非自然生态系统转换为无数据区。③可达性。可达性主要考虑两方面，一是合法可达性，保护区的建立及相应保护措施法律条款的实施使众多人类威胁因素在保护区与非保护区之间在受威胁程度上形成一定差异，如保护区内居民活动相对较少，道路车流量较小等。InVEST模型考虑到了这个因素而设置了合法可达性的参数，其中，严格的自然保护区，保护较好的私有土地等是可达度最小区域；一般保护区处于中间保护水平，根据保护程度分级，赋予各个多边形的可达度值，没有在多边形范围内的值区域则假定它们是完全可达。二是考虑威胁源的可达性，威胁程度受地形影响明显，分析时需将地形因子纳入到评估过程。本书根据评估区域所在地理位置，以坡度因子反映地形，计算威胁程度的变化。

**2. 数据与参数**

生物多样性评估模型需要输入的数据有土地利用/植被覆盖图、生境质量评估参数表（包括威胁源、威胁强度、威胁距离等，见表3-14）、生境威胁因子图层（图3-13）。生境质量评估参数表中，威胁源主要考虑道路、居民点、农田、矿山、水电站5种。这5种威胁源的威胁强度参考已有文献资料赋值，而威胁源的影响范围在评估中均设为5km；可达性中主要考虑威胁源的可达性，以坡度反映地形，计算威胁程度，而合法可达性暂未考虑，其值在评估中均为1。

### 表3-14　生境质量评估参数表

| 威胁源类型 | 威胁源强度值 | 威胁源影响范围/km |
|---|---|---|
| 道路 | 300 | 5 |
| 居民点 | 300+200×相对人口密度 | 5 |
| 农田 | 100 | 5 |
| 矿山 | 500 | 5 |
| 水电站 | 200 | 5 |

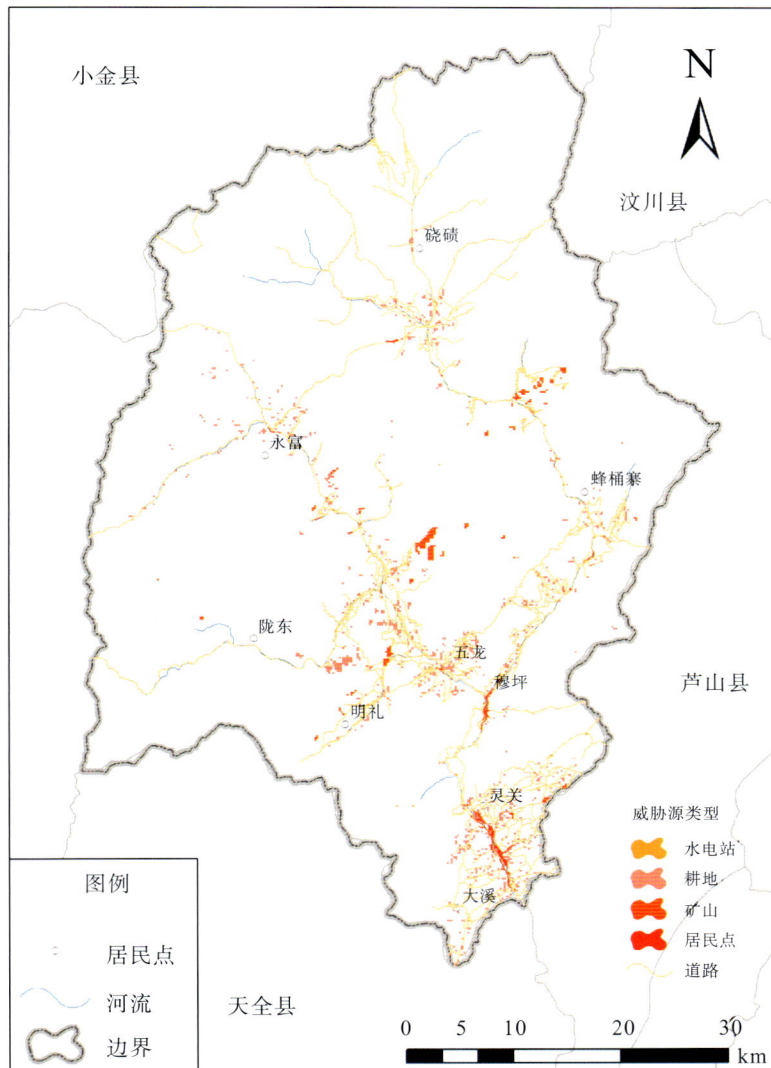

图 3-13　生物多样性威胁源

**3.　宝兴县生境质量评价结果**

采用 InVEST 生物多样性模型进行大熊猫生境质量评价，得到大熊猫生境质量图层（即分摊系数）。评价结果显示宝兴县生境质量很好，人类活动干扰仅在局部地区，但有些矿产开发非常接近大熊猫栖息地，需要严格加以管理。

## 3.4.3　价值化

3.4.1 节已经估算出宝兴县大熊猫保护价值为 30.83 亿元，使用 InVEST 生物多样性模型进行大熊猫栖息地生境质量评价，得到大熊猫栖息地生境质量评价结果，即分摊系数，根据此系数结合生物多样性保护价值，得到分摊后的生物多样性保护价值。生物多样性保护价值的空间分布如图 3-14 所示，宝兴县生物多样性保护价值为 9899.81 元/hm²，全县生物多样性保护总价值为 30.83 亿元。

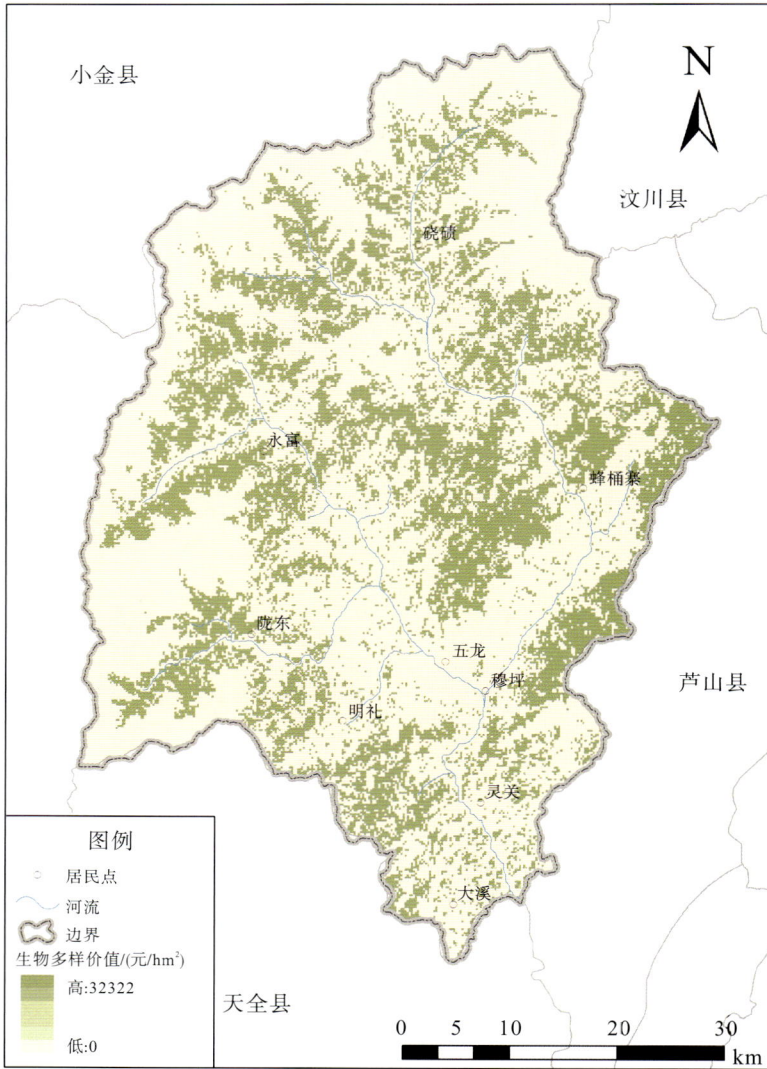

图 3-14    生物多样性保护价值

不同生态系统类型生物多样性保护价值见表 3-15。结果显示，各生态系统生物多样性保护价值由高到低依次排序为：森林＞草地＞旱地＞其他＞水田＞裸地。森林具有最高的生物多样性保护价值，为 13058.90 元/hm²，裸地最低，为 50.15 元/hm²，二者相差 260 倍。从宝兴县整体来看，其生态系统生物多样性保护价值主要集中在森林生态系统，占总价值的 96.44%。裸地占总面积的 10.32%，生物多样性保护价值最低，因此改善裸地生态系统，提高其生物多样性，能够进一步提高宝兴县生物多样性保护价值。

表 3-15　生态系统生物多样性保护价值

| 生态系统 | 面积/km² | 面积比例/% | 价值/(元/hm²) | 总价值/万元 | 价值比例/% |
|---|---|---|---|---|---|
| 森林 | 2265.78 | 73.15 | 13058.90 | 295885.94 | 96.44 |
| 草地 | 397.77 | 12.84 | 2177.52 | 8661.52 | 2.82 |
| 水田 | 0.12 | 0.0039 | 504.51 | 0.61 | 0.0002 |
| 旱地 | 86.54 | 2.79 | 1956.68 | 1693.31 | 0.55 |
| 裸地 | 319.57 | 10.32 | 50.15 | 160.26 | 0.05 |
| 其他 | 27.80 | 0.90 | 1505.08 | 418.41 | 0.14 |

生态系统生物多样性价值随海拔变化，呈现先显著增加后显著降低的趋势（表 3-16）。总体上，在 3000m 存在分界点，该点生物多样性价值最高，为 14098.60 元/hm²；当海拔低于 3000m，生物多样性价值表现出随海拔升高而显著增加；当海拔超过 3000m 后，生物多样性价值随海拔的升高而显著的下降。就整个宝兴县来看，其生物多样性价值主要集中在海拔 2000～4000m，占总价值的 88.32%。

表 3-16　生物多样性保护价值随海拔变化

| 海拔/m | 面积/km² | 面积比例/% | 价值/(元/hm²) | 总价值/万元 | 价值比例/% |
|---|---|---|---|---|---|
| 500～1000 | 33.92 | 1.09 | 3743.39 | 1269.75 | 0.41 |
| 1000～1500 | 220.31 | 7.10 | 5394.90 | 11883.20 | 3.87 |
| 1500～2000 | 364.87 | 11.75 | 6212.32 | 22664.70 | 7.39 |
| 2000～3000 | 1158.44 | 37.32 | 14098.60 | 163315.00 | 53.25 |
| 3000～4000 | 1044.83 | 33.66 | 10294.90 | 107560.00 | 35.07 |
| 4000～5000 | 281.20 | 9.06 | 7.44 | 20.90 | 0.01 |
| >5000 | 0.61 | 0.02 | 0.00 | 0.00 | 0.00 |

生态系统生物多样性价值随坡度呈现明显的增加趋势（表 3-17）。坡度大于 25°时具有最大的生物多样性价值，为 10694.40 元/hm²，当坡度小于 5°时具有最小的生物多样性价值，为 5558.47 元/hm²，二者相差 1.92 倍。从宝兴县整体来看，生态系生物多样性价值主要集中的坡度大于 25°以上区域，占总价值的 83.88%。

表 3-17　生物多样性保护价值随坡度变化

| 坡度/(°) | 面积/km² | 面积比例/% | 价值/(元/hm²) | 总价值/万元 | 价值比例/% |
|---|---|---|---|---|---|
| <5 | 37.59 | 1.21 | 5558.47 | 2088.46 | 0.68 |
| 5～10 | 43.85 | 1.41 | 6757.83 | 2960.83 | 0.97 |
| 10～15 | 100.67 | 3.24 | 6719.35 | 6759.68 | 2.20 |
| 15～20 | 195.56 | 6.30 | 7041.32 | 13763.40 | 4.49 |
| 20～25 | 320.87 | 10.34 | 7443.95 | 23881.10 | 7.79 |
| >25 | 2405.66 | 77.50 | 10694.40 | 257260.00 | 83.88 |

宝兴县不同乡镇具有不同的生物多样性价值，由高到低的顺序依次为：蜂桶寨乡＞

穆坪镇>永富乡>灵关镇>明礼乡>硗碛乡>大溪乡>陇东镇>五龙乡（表3-18）。生物多样性价值最高的乡镇为蜂桶寨乡，为14056.40元/hm²，最低的乡镇为五龙乡，为3937.02元/hm²，二者相差3.57倍。从宝兴县整体上来看，硗碛乡具有最高的生物多样性价值，永富乡次之，五龙乡最低，分别占宝兴县总价值的26.11%、24.56%、0.96%。

表3-18　各乡镇生物多样性保护价值

| 乡镇 | 面积/km² | 面积比例/% | 价值/（元/hm²） | 总价值/亿元 | 价值比例/% |
|------|---------|-----------|----------------|------------|-----------|
| 硗碛乡 | 947.7 | 30.45 | 8446.02 | 8.01 | 26.11 |
| 永富乡 | 657.5 | 21.12 | 11458.40 | 7.53 | 24.56 |
| 蜂桶寨乡 | 367.6 | 11.81 | 14056.40 | 5.17 | 16.86 |
| 陇东镇 | 495.5 | 15.92 | 8004.60 | 3.96 | 12.92 |
| 穆坪镇 | 166.5 | 5.35 | 11828.50 | 1.97 | 6.42 |
| 五龙乡 | 74.7 | 2.40 | 3937.02 | 0.29 | 0.96 |
| 明礼乡 | 117.0 | 3.76 | 9062.15 | 1.06 | 3.46 |
| 灵关镇 | 234.5 | 7.53 | 9614.95 | 2.25 | 7.35 |
| 大溪乡 | 51.7 | 1.66 | 8076.38 | 0.42 | 1.36 |

# 第 4 章　生态补偿成本

本章首先对生态补偿成本构成进行了分析，在不考虑交易成本的情况下，将补偿成本划分为保护成本、环境成本和机会成本。然后利用 GIS 软件，开发了针对不同成本的核算模型，最后进行了空间制图。

## 4.1　成本构成

从生态补偿的目的看，需要纳入生态补偿的成本可以划分为保护成本、环境成本和机会成本。保护成本是为保护、维持或者恢复生态系统而投入的人力、物力和财力，侧重于对生态系统的保护；环境成本主要包括治理环境污染的投入以及环境破坏带来的经济损失；机会成本是指因开展对生态系统以及环境的保护，而丧失的经济收入和放弃的发展权。

## 4.2　保护成本

保护成本主要依据宝兴县已有的生态工程统计资料，采用保护成本模型进行空间化，得到三种不同的保护成本结果：①基于统计资料的保护成本核算；②利用宝兴县分布较广的 18 个植物物种，通过适宜性评价和距离成本分析后的理论保护成本；③结合统计资料与适宜性评价、距离成本分析的林地和草地保护成本。最后采用第三种结果分析保护成本随海拔、坡度的变化以及各乡镇的差异。

### 4.2.1　核算方法

**1. 基于统计资料的保护成本核算**

基于统计资料的保护成本核算主要是确定核算对象与内容，然后通过调查统计资料，获取宝兴县 2010 年年均保护成本。针对宝兴县而言，其保护成本核算内容见表 4-1。主要保护成本分为单一保护对象(如森林和草地)以及综合保护对象(如自然保护区)两种类型。核算方法主要考虑静态核算法[116,161]，将一段时间内的某保护对象的总投入，除以投入年限，得到年均保护投入(若 2010 年不在投入年限内，则通过利率将值折算到 2010 年)，再根据保护面积平摊，得到年均单位面积保护成本。

表 4-1　宝兴县保护成本核算内容

| 分类 | 保护对象 | 核算内容 |
|---|---|---|
| 单一保护对象 | 森林 | 退耕还林、天保工程、生态修复、防火、病虫害防治等 |
| 单一保护对象 | 草地 | 退化草场治理等 |
| 单一保护对象 | 湿地 | 无 |
| 综合保护对象 | 自然保护区 | 蜂桶寨自然保护区、宝兴河珍稀鱼类市级保护区 |
| 综合保护对象 | 水源保护地 | 保护区隔离、水源涵养防护、边沟整治、环境综合治理等 |
| 综合保护对象 | 水土保持地 | 小流域综合治理、水土保持恢复项目 |

**2. 理论保护成本**

保护成本模型中考虑的保护成本包括距离成本，实现保护目标的成本和适宜性成本三类，计算方法见式(4-1)。对于距离成本的计算主要考虑管护站到各保护斑块的可达性，坡度作为影响可达性的重要因素，因此在计算时需要将此因素纳入到计算过程，距离成本的计算方法见式(4-2)。适宜性成本主要是评估的自然条件与保护对象最适生境的条件间的差异，随着差异的增加适宜性成本也随之升高，其计算方法见式(4-4)。

$$Cost = (Cost_{dis} + Cost_{target}) \times Cost_{suit} \tag{4-1}$$

式中，$Cost$ 为保护成本；$Cost_{dis}$ 为距离成本；$Cost_{target}$ 为实现保护目标的成本；$Cost_{suit}$ 为适宜性成本。

$$Cost_{dis} = \min\{Dist_i \times 10^{\tan(slope_i)}\} \times c \tag{4-2}$$

式中，$Cost_{dis}$ 为总距离成本；$Dist_i$ 为目标单元格到周围 8 个栅格的距离；$slope_i$ 为目标单元格与周围 8 个单元格的坡度；$i$ 取值范围为 1~8；$c$ 为每千米运输的成本。

$$Cost_{target} = \sum_i T_i \times C_{ti} \tag{4-3}$$

式中，$T_i$ 为第 $i$ 类目标值；$C_{ti}$ 为第 $i$ 类目标实现的单位成本。

$$Cost_{suit} = \sum_i X^{a_i} \tag{4-4}$$

式中，$X$ 取值为 1.8；$a_i$ 为第 $i$ 类因子的适宜性值；$Cost_{suit}$ 与式(4-1)中一致。

$$a_i = \begin{cases} 1 & (0.8 \leqslant Ratio_i \leqslant 1 \text{ 或 } 1 \leqslant Ratio_i \leqslant 1.2) \\ 2 & (0.6 \leqslant Ratio_i < 0.8 \text{ 或 } 1.2 < Ratio_i \leqslant 1.4) \\ 3 & (0.4 \leqslant Ratio_i < 0.6 \text{ 或 } 1.4 < Ratio_i \leqslant 1.6) \\ 4 & (0.2 \leqslant Ratio_i < 0.4 \text{ 或 } 1.6 < Ratio_i \leqslant 1.8) \\ 5 & (Ratio_i < 0.2 \text{ 或 } Ratio_i > 1.8) \end{cases} \tag{4-5}$$

式中，$a_i$ 为根据 $Ratio_i$ 取值范围反映的不同取值；$Ratio_i$ 为最适生境条件与评估区的当前第 $i$ 类因素的比值。

$$Ratio_i = \frac{S_i}{A_i} \tag{4-6}$$

式中，$Ratio_i$ 与式(4-5)一致；$A_i$ 为第 $i$ 类因素的最适宜值；$S_i$ 为评估区当前第 $i$ 类因素的值。

保护成本模型所需数据与参数：宝兴县土地利用图、DEM、路网、坡度、多年平均降水量、2010 年年均气温、管护站位置。结合宝兴数据使用保护成本模型计算保护成本时，首先是选择宝兴县当前面积最多的 18 种树种，明确这 18 种树种的最适生长温度、海拔，用于适宜性成本计算。其次是获取管护站的点位，结合道路用于距离成本的计算。本书是使用 2010 年为基年，假设树种的现状林龄、郁闭度与目标林龄、郁闭度是相同的，所以实现保护目标的成本为 0。将蜂桶寨保护区 2010 年的保护投入 556 万元作为参考(含天保工程 96.10 万元)，使用保护成本模型计算得到 18 种树种最适合的分布的保护成本。每个栅格取 18 种树种保护成本中的最小值，得到优化后的理论保护成本。

**3.　现实保护成本**

主要考虑五种生态系统(草地、灌木林、针叶林、阔叶林、混交林)，采用保护成本模型进行适宜性评价和距离成本分析。利用统计资料，确定不同空间范围(夹金山森林公园、夹金山林业局管辖的非森林公园林地、蜂桶寨保护区、林业局管辖的非蜂桶寨保护区林地)各类生态系统的单位保护成本，利用保护成本模型计算结果进行归一化，得到修正系数，对统计资料中林地、草地的单位面积保护成本进行空间化。

## 4.2.2　核算结果

**1.　基于统计资料的保护成本核算**

2010 年，宝兴县林地保护成本为 3565.76 万元，林地单位面积保护成本分为四个范围来计算，详情见表 4-2。其中，森林公园内的林地保护成本最高为 259.41 元/hm²；蜂桶寨保护区内的林地次之，为 249.38 元/hm²；林业局管辖的非蜂桶寨保护区的林地，保护成本为 131.63 元/hm²；夹金山林业局非森林公园的林地的保护成本最低，为 97.19 元/hm²。

表 4-2　林地保护成本

| 管理部门 | 总面积/km² | 森林面积/km² | 保护投入/(万元/年) | 保护成本/(元/hm²) |
|---|---|---|---|---|
| 森林公园 | 646.39 | 329.26 | 854.14 | 259.41 |
| 林业局非森林公园 | 1003.53 | 656.76 | 638.30 | 97.19 |
| 林业局非蜂桶寨 | 1074.24 | 937.15 | 443.30 | 131.63 |
| 蜂桶寨自然保护区 1 | 390.39 | 336.77 | 1233.61 | 131.63 |
| 蜂桶寨自然保护区 2 | 390.39 | 336.77 | 396.41 | 117.75 |
| 蜂桶寨自然保护区 | 390.39 | 336.77 | 1630.02 | 249.38 |

注：保护投入来自宝兴"十二五"环境保护重点项目汇总表、退耕还林(不含补偿款)、天保工程等相关资料。蜂桶寨保护区 1：林业局投入；蜂桶寨保护区 2：自然保护区投入(含自然保护区建设、管理)。

草地保护成本为 185.83 万元，见表 4-3。根据宝兴县实际情况，进行相关草地保护措施的仅有硗碛乡，通过统计资料计算得到硗碛乡草地保护成本为 80.13 元/hm²。

**表 4-3 草地保护成本**

| 年份 | 乡镇 | 面积/km² | 草地面积/km² | 保护投入/(万元/年) | 保护成本/(元/hm²) |
|------|------|---------|-------------|-------------------|-------------------|
| 2010 | 硗碛乡 | 947.7 | 231.91 | 185.83 | 80.13 |

注：保护投入来自宝兴"十二五"环境保护重点项目汇总表。

蜂桶寨自然保护区保护成本构成和比例见表 4-4，建设成本为 63.45 元/hm²，运营成本为 54.3 元/hm²。蜂桶寨自然保护区总面积 390.39km²，年均保护投入 459.52 万元（不含天保工程 96.10 万元，该部分已经计算在林地保护成本内），其中林地面积 336.77km²，折算下来其中林地保护投入 396.41 万元，此部分在林地保护成本中已经计算，故蜂桶寨自然保护区保护投入在全县汇总时只计 63.11 万元。

**表 4-4 蜂桶寨保护区保护成本**

| 成本构成 | 保护投入/(万元/年) | 保护成本/(元/hm²) | 保护成本比例/% |
|---------|-------------------|-------------------|----------------|
| 年均建设成本 | 247.63 | 63.45 | 53.89 |
| 年均运营成本 | 211.89 | 54.3 | 46.11 |
| 汇总 | 459.52 | 117.75 | 100.0 |

注：投入说明来自宝兴县蜂桶寨自然保护区，总投入/总投入年限，利息折算到 2010 年，按保护区总面积 39039hm² 平摊。

宝兴河珍稀鱼类市级保护区保护成本构成和比例见表 4-5，宝兴河珍稀鱼类市级保护区保护成本为 180.58 万元，其中单位面积建设成本为 1196.98 元/hm²，单位面积运营成本为 192.06 元/hm²，宝兴河珍稀鱼类市级保护区单位面积保护成本显著高于蜂桶寨自然保护区单位面积保护成本。

**表 4-5 珍稀鱼类市级保护区保护成本**

| 成本构成 | 保护投入/(万元/年) | 保护成本/(元/hm²) | 保护成本比例/% |
|---------|-------------------|-------------------|----------------|
| 年均建设成本 | 155.61 | 1196.98 | 86.17 |
| 年均运营成本 | 24.97 | 192.06 | 13.83 |
| 汇总 | 180.58 | 1389.05 | 100.0 |

注：投入说明来自宝兴县宝兴河珍稀鱼类市级保护区，总投入/总投入年限，利息折算到 2010 年，按保护区总面积 1300hm² 平摊。

宝兴县共有 10 个水源保护地，见表 4-6，关于水源保护地的年均保护投入为 166.67 万元，由于各水源保护地的面积划定是相同的，所以各乡镇中水源保护地的单位面积保护成本均为 484.50 元/hm²。

**表 4-6　水源地保护成本**

| 水源保护地所在乡镇 | 水源地面积/hm² | 保护投入/(万元/年) | 保护成本/(元/hm²) |
| --- | --- | --- | --- |
| 硗碛乡 | 344 | 16.67 | 484.50 |
| 蜂桶寨乡 | 688 | 33.33 | 484.50 |
| 穆坪镇 | 344 | 16.67 | 484.50 |
| 永富乡 | 344 | 16.67 | 484.50 |
| 五龙乡 | 344 | 16.67 | 484.50 |
| 明礼乡 | 344 | 16.67 | 484.50 |
| 陇东镇 | 344 | 16.67 | 484.50 |
| 灵关镇 | 344 | 16.67 | 484.50 |
| 大溪乡 | 344 | 16.67 | 484.50 |

注：蜂桶寨乡有两个水源保护地。

水土保持地是根据统计资料获取水土保持措施投入成本，按水土保持措施实施面积平摊，得到表 4-7，宝兴县水土保持主要实施在三个乡镇，其中五龙乡水土保持保护成本最高，为 118.11 元/hm²。

**表 4-7　水土保持地保护成本**

| 水土保持地所在乡镇 | 乡镇面积/km² | 保护投入/(万元/年) | 保护成本/(元/hm²) |
| --- | --- | --- | --- |
| 硗碛乡 | 947.70 | 270.33 | 28.53 |
| 五龙乡 | 74.74 | 88.25 | 118.11 |
| 灵关镇 | 234.54 | 169.93 | 72.46 |

将不同类型的保护成本进行汇总，见表 4-8。2010 年宝兴全县保护成本为 4690.46 万元，其中林地保护成本占 76.02%，其次是水土保持建设占 11.27%，自然保护区(蜂桶寨自然保护区和珍稀鱼类市级保护区)占 5.20%。

**表 4-8　保护成本**

| 保护对象 | 保护成本/(万元/年) | 比例/% |
| --- | --- | --- |
| 林地 | 3565.76 | 76.02 |
| 草地 | 185.83 | 3.96 |
| 自然保护区 | 243.69 | 5.20 |
| 水源保护地 | 166.67 | 3.55 |
| 水土保持地 | 528.51 | 11.27 |
| 汇总 | 4690.46 | 100 |

**2. 保护成本空间分布**

利用保护成本模型计算得到现实保护成本和理论保护成本如图 4-1 所示。高成本地区主要集中在硗碛乡东北部高山区和陇东镇西部高山区。宝兴县优化后生态系统理论现状保护成本为 1762.85 万元，远低于由统计资料得到的林地保护成本 3565.76 万元。这意味着目前的保护投入并不是最优，通过优化后，可以显著降低保护成本。结合统计资料与适宜性评价、距离成本分析的林地、草地保护成本如图 4-1a 所示。宝兴县林地草地保护成本为 3693.85 万元。

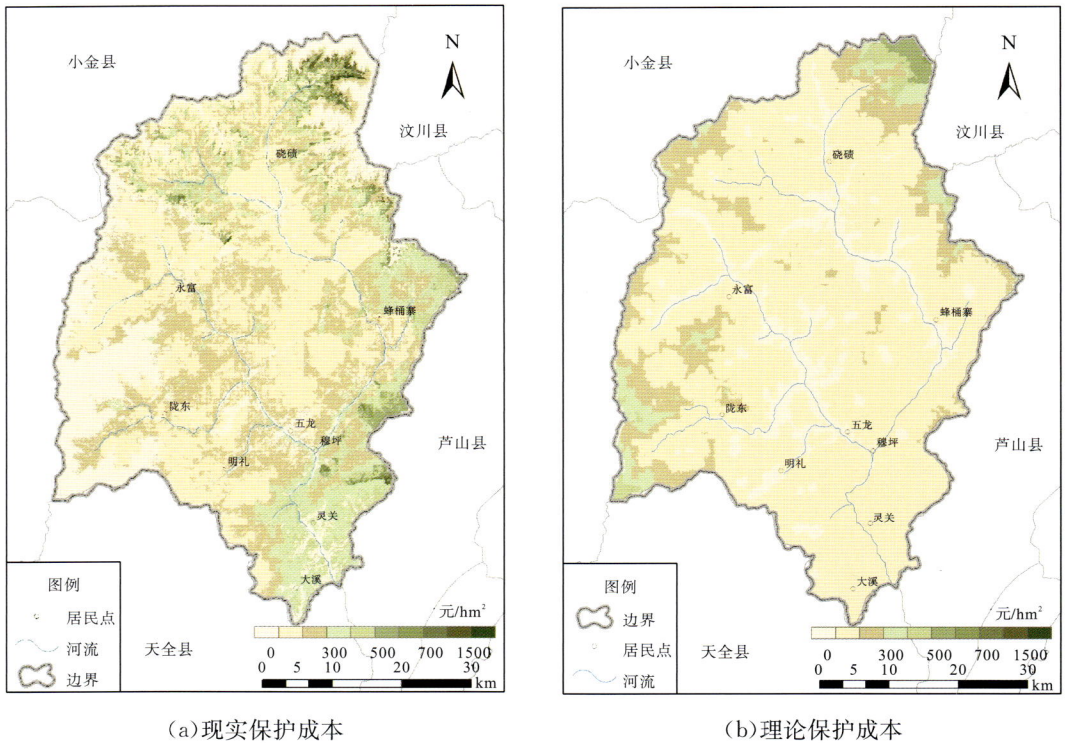

（a）现实保护成本　　　　　　　　　　　（b）理论保护成本

图 4-1　保护成本

按现实保护成本，宝兴县各乡镇单位面积保护成本具有不同程度的差异，由高到低的顺序依次为：灵关镇＞穆坪镇＞大溪乡＞蜂桶寨乡＞硗碛乡＞五龙乡＞明礼乡＞永富乡＞陇东镇（表 4-9）。单位面积保护成本最高的乡镇为灵关镇，为 18.99 元/hm²，最低的乡镇为陇东镇，为 5.44 元/hm²，二者相差 3.49 倍。从宝兴县整体上来看，硗碛乡具有最大的面积，因此具有最高的保护成本，蜂桶寨乡次之，五龙乡最低，分别占宝兴县保护成本的 34.33%、16.28%、1.72%。

表 4-9　各乡镇保护成本

| 乡镇 | 面积/km² | 面积比例/% | 单位面积保护成本/(元/hm²) | 保护成本/(万元/年) | 成本比例/% |
|---|---|---|---|---|---|
| 硗碛乡 | 947.70 | 30.45 | 12.04 | 1267.98 | 34.33 |
| 永富乡 | 657.49 | 21.12 | 6.36 | 464.42 | 12.57 |
| 蜂桶寨乡 | 367.55 | 11.81 | 14.73 | 601.53 | 16.28 |
| 陇东镇 | 495.52 | 15.92 | 5.44 | 299.58 | 8.11 |
| 穆坪镇 | 166.52 | 5.35 | 16.68 | 308.57 | 8.35 |
| 五龙乡 | 74.74 | 2.40 | 7.66 | 63.63 | 1.72 |
| 明礼乡 | 116.99 | 3.76 | 7.65 | 99.48 | 2.69 |
| 灵关镇 | 234.54 | 7.53 | 18.99 | 494.88 | 13.40 |
| 大溪乡 | 51.70 | 1.66 | 16.33 | 93.79 | 2.54 |

　　保护成本无明显的随海拔增加而变化的趋势(表 4-10)。在 1500m 以下，随海拔增加单位面积保护成本明显增加；海拔 1500～3000m，随海拔增加单位面积保护成本明显降低；3000～4000m 单位面积保护成本较 2000～3000m 略有增加；自海拔 3000～5000m 以上，随海拔增加单位面积保护成本显著降低。海拔 1000～1500m 的区域具有最高的单位面积保护成本，为 193.00 元/hm²。整体上来看，宝兴县的保护成本主要集中投入在海拔 2000～4000m 的区域，占总保护成本的 71.15%，其次为海拔 1000～2000m，占总保护成本的 26.17%。

表 4-10　保护成本随海拔变化

| 海拔/m | 面积/km² | 面积比例/% | 单位面积保护成本/(元/hm²) | 保护成本/(万元/年) | 成本比例/% |
|---|---|---|---|---|---|
| 500～1000 | 33.92 | 1.09 | 144.04 | 48.86 | 1.32 |
| 1000～1500 | 220.31 | 7.10 | 193.00 | 425.07 | 11.51 |
| 1500～2000 | 364.87 | 11.75 | 148.41 | 541.43 | 14.66 |
| 2000～3000 | 1158.44 | 37.32 | 110.23 | 1276.79 | 34.57 |
| 3000～4000 | 1044.83 | 33.66 | 129.33 | 1351.21 | 36.58 |
| 4000～5000 | 281.20 | 9.06 | 17.97 | 50.50 | 1.37 |
| >5000 | 0.61 | 0.02 | 0.00 | 0.00 | 0.00 |

　　保护成本随坡度增加总体呈现增加趋势，但增加幅度有限(表 4-11)。当坡度大于 25°，单位面积保护成本最大，为 121.00 元/hm²；坡度小于 5° 的区域单位面积保护成本最小，为 104.16 元/hm²，二者差异较小。整体上来看，随坡度的增加，保护成本基本比较稳定，由于坡度大于 25° 的面积最大，因而该区域具有最大的保护成本，占宝兴县保

护成本的 78.79%，坡度 20°～25°次之，占宝兴县保护成本的 10.03%。

表 4-11　保护成本随坡度变化

| 坡度/(°) | 面积/km² | 面积比例/% | 单位面积保护成本/(元/hm²) | 保护成本/(万元/年) | 成本比例/% |
|---|---|---|---|---|---|
| <5 | 37.59 | 1.21 | 104.16 | 39.13 | 1.06 |
| 5～10 | 43.85 | 1.41 | 110.05 | 48.20 | 1.30 |
| 10～15 | 100.67 | 3.24 | 108.54 | 109.16 | 2.96 |
| 15～20 | 195.56 | 6.30 | 110.69 | 216.34 | 5.86 |
| 20～25 | 320.87 | 10.34 | 115.49 | 370.47 | 10.03 |
| >25 | 2405.66 | 77.50 | 121.00 | 2910.56 | 78.79 |

# 4.3　环境成本

宝兴县环境质量良好，空气质量常年为优良，主要工业为石材加工，对空气环境影响较小，而对水环境有一定影响。因此，以水环境进行成本核算，同时考虑生活垃圾的处理成本。

环境成本分为三个部分：①农业面源污染处理的环境成本；②生活污水处理的环境成本；③垃圾处理的环境成本。其中，农业面源污染处理的环境成本与生活污水处理的环境成本相加得到水环境成本；而将三部分相加得到宝兴县环境成本。最后采用第三种结果分析环境成本随海拔、坡度的变化以及各乡镇的差异。

## 4.3.1　核算方法

**1. 农业面源污染处理的环境成本**

首先，利用 InVEST 产水模型(与水源涵养模型一致)计算出宝兴的产水量，然后根据污染物输出量以及土地利用类型得到污染物输出量图，使用污染物输出量除以产水量计算得到宝兴县污染物负荷(污染物年平均浓度)的空间分布，主要考虑总氮 TN 和总磷 TP。其次，以宝兴县水功能区划为依据，确定不同河段的水质标准，宝兴县需要达到地表水三类水质标准。用污染物年均浓度分布减去达标浓度，得到超标排放的分布。用超标排放的那部分乘以单位污水处理成本得到相应污染物的环境成本。

水质净化模型是 InVEST 模型中极有特色的一个，可用于定量评价生态系统净水功能的空间分布。该模型完全着眼于景观减轻非点源污染的能力。模型根据径流、污染物的数量、不同植被类型对污染物的过滤能力，最终依据以满足特定的水质标准，避免水处理而节约的费用或能力得出过滤价值[162]。该模型的理论是植物作为拦截过滤器可以减轻由于地表径流污染物对水质造成的非点源的损害。模型正确运行需要确定两个基于土地利用类型的参数：污染物输出系数和过滤系数。前者反映了在不考虑生态系统相互之间的联系情况下，生态系统作为污染来源向流域输出污染的多少；后者反映了在考虑这种相互关系时，下游生态系统对上游污染物的过滤作用。

水质净化模型在产水量模型所需数据和参数的基础上，还需要污染物输出系数和过滤系数。确定污染物输出系数和过滤系数这两个参数的最佳方法是进行实地小区监测，尽管我国在水土流失方面进行了长期的大量观测，但对营养物质流失的监测还很有限。替代的方法是参考有关的研究报道[163-165]，依据本地农牧业情况，分别对不同土地利用类型确定 TN 和 TP 的输出系数，具体数值见表 4-12。过滤系数在本研究取值为 0。

表 4-12　水质净化模型参数表

| 土地利用类型 | LUcode | load _ P/g | load _ N/g |
| --- | --- | --- | --- |
| 草原 | 22 | 10000 | 200 |
| 草丛 | 23 | 10000 | 200 |
| 湖泊 | 34 | 1 | 1 |
| 水库/坑塘 | 35 | 1 | 1 |
| 河流 | 36 | 1 | 1 |
| 水田 | 41 | 25000 | 900 |
| 旱地 | 42 | 25000 | 900 |
| 居住地 | 51 | 25000 | 240 |
| 工业用地 | 52 | 1000 | 3800 |
| 采矿场 | 54 | 7750 | 1300 |
| 稀疏灌木林 | 62 | 2000 | 150 |
| 稀疏草地 | 63 | 10000 | 200 |
| 裸岩 | 65 | 11000 | 510 |
| 裸土 | 66 | 11000 | 510 |
| 冰川/永久积雪 | 69 | 1 | 1 |
| 常绿阔叶林 | 101 | 2000 | 150 |
| 落叶阔叶林 | 102 | 2000 | 150 |
| 常绿针叶林 | 103 | 2000 | 150 |
| 针阔混交林 | 105 | 2000 | 150 |
| 常绿阔叶灌木林 | 106 | 2000 | 150 |
| 落叶阔叶灌木林 | 107 | 2000 | 150 |
| 常绿针叶灌木林 | 108 | 2000 | 150 |
| 乔木园地 | 109 | 13500 | 525 |

以宝兴县水功能区划为依据，宝兴县全县水质需要达到地表水三类水质标准。三类水质标准规定的 TN 浓度为 1mg/L，TP 浓度为 0.2mg/L。根据 InVEST 水质净化模型得到宝兴县 TN、TP 的年平均浓度的空间分布减去达标浓度，得到 TN、TP 超标输出的分布。用超标部分乘以单位污水处理成本得到相应污染物的环境成本。单位污水处理成本采用污水厂的污水处理成本，根据对宝兴污水处理厂的调查，2010 年单位污水的处理成本为 0.8204 元/t。

**2. 居民生活污水处理的环境成本**

生活污水与农业面源污染不同，主要超标污染物为固体颗粒物、COD、BOD、氮、磷。采用人口密度乘以单位污水排放量计算排放强度，然后直接用污水处理成本（单位污水处理成本采用污水厂的污水处理成本，根据对宝兴污水处理厂的调查，2010 年单位污水的处理成本为 0.8204 元/t）相乘。最后将 TN 和 TP 的环境成本以及生活污水的成本相加，得到最后的水环境成本。

**3. 垃圾处理的环境成本**

生活垃圾处理的环境成本，使用基于生态补偿的分布式垃圾处理成本空间评估模型计算得到，主要考虑垃圾处理费用和垃圾运输费用两部分。采用人口密度乘以人均垃圾产生量得到垃圾总量，垃圾总量乘以垃圾处理费用（此垃圾处理费用不含运输费用），然后考虑垃圾运输费用（将垃圾从产生的地方运输到垃圾处理厂需要的费用，此部分需考虑距离和坡度）。

模型需要数据：宝兴县垃圾处理厂的位置（点文件）、宝兴县道路图、坡度（°）、人口密度（人/km²）、日平均每人垃圾产生量（kg）、垃圾处理费用（元/t，此垃圾处理费用不含垃圾运输费用）。根据宝兴县灵关镇垃圾处理厂的调查，日平均每人垃圾产生量为 0.53kg，垃圾处理费用为 220 元/t。

### 4.3.2　核算结果

宝兴县水环境成本分布如图 4-2 所示，其中生活污水处理的环境成本为 186.73 万元，平均值为 6.00 元/hm²，成本较高的地方主要分布在居民地（图 4-2a）。面源污染处理的环境成本为 1.21 亿元，平均值为 389.85 元/hm²，成本较高的地方主要分布在耕地、居民地和西北部的草地（图 4-2b）。宝兴县水环境成本分布如图 4-2c 所示，水环境成本为 1.23 亿元，平均值为 396.02 元/hm²，成本较高的地方主要分布在耕地、居民地和西北部的草地。

宝兴县垃圾处理的环境成本分布如图 4-3 所示，垃圾处理的环境成本为 327.20 万元，平均值为 10.52 元/hm²，成本较高的地方主要分布在居民地。宝兴县环境成本分布如图 4-4 所示，环境成本为 1.26 亿元，平均值为 406.54 元/hm²。

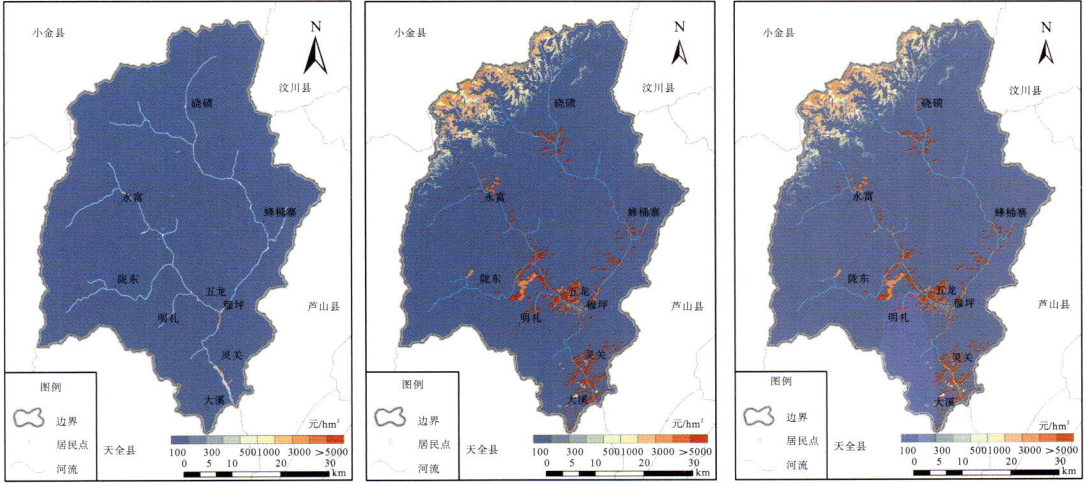

（a）生活污水处理成本 （b）农业面源污染处理成本 （c）水环境成本

图 4-2 水环境维护成本

图 4-3 垃圾处理成本

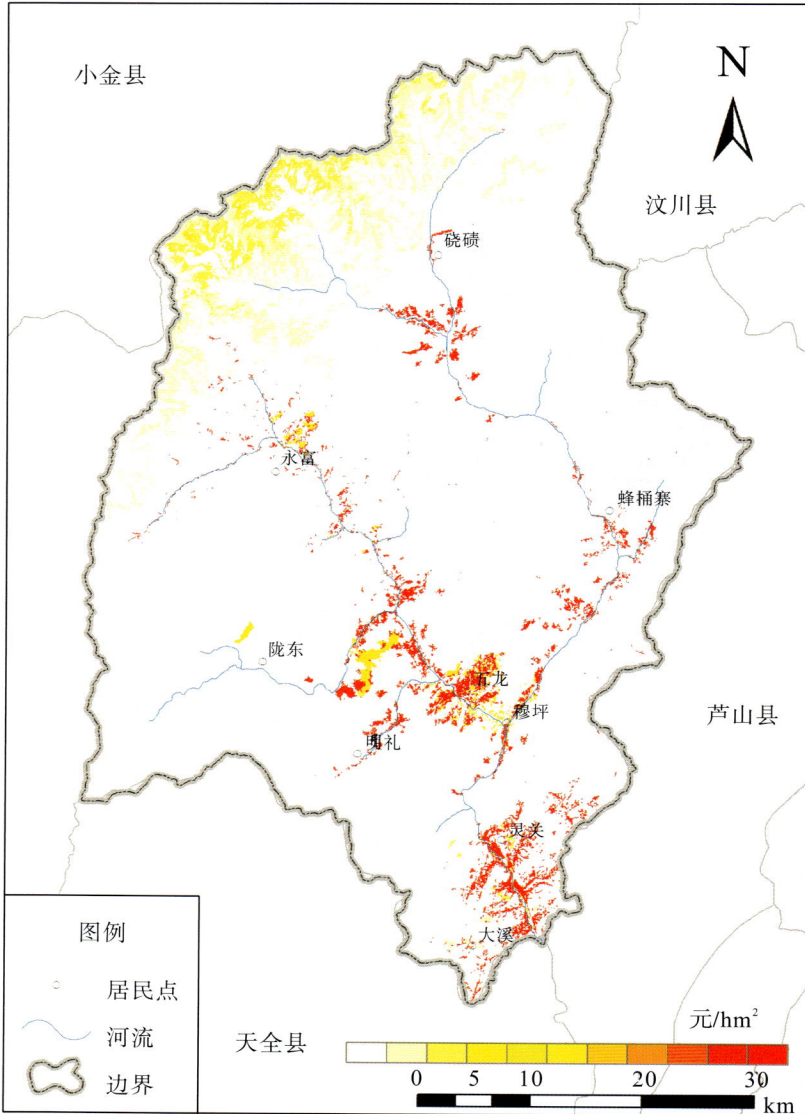

图 4-4  环境成本

宝兴县各乡镇单位面积环境成本存在明显的差异，由高到低的顺序依次为：五龙乡>大溪乡>灵关镇>穆坪镇>明礼乡>陇东镇>硗碛乡>蜂桶寨乡>永富乡（表 4-13）。单位面积环境成本最高的乡镇是五龙乡，为 2253.09 元/hm²，最低的是永富乡，为 186.69 元/hm²，两者相差 12.07 倍，主要原因是五龙乡的人口密度显著高于永富乡的人口密度，而环境成本里生活污水成本、生活垃圾成本都是与人口密度直接相关的。从宝兴县整体上来看，硗碛乡的环境成本最高，占环境成本 1.26 亿元的 20.70%，明礼乡的环境成本最低，占环境成本 1.26 亿元的 3.87%。

表 4-13 各乡镇环境成本

| 乡镇 | 面积/km² | 面积比例/% | 单位面积环境成本/(元/hm²) | 环境成本/(万元/年) | 成本比例/% |
|---|---|---|---|---|---|
| 硗碛乡 | 947.70 | 30.45 | 276.36 | 2618.47 | 20.70 |
| 永富乡 | 657.49 | 21.12 | 186.69 | 1227.42 | 9.70 |
| 蜂桶寨乡 | 367.55 | 11.81 | 270.26 | 992.52 | 7.85 |
| 陇东镇 | 495.52 | 15.92 | 386.14 | 1912.25 | 15.12 |
| 穆坪镇 | 166.52 | 5.35 | 487.08 | 810.82 | 6.41 |
| 五龙乡 | 74.74 | 2.40 | 2253.09 | 1683.93 | 13.31 |
| 明礼乡 | 116.99 | 3.76 | 418.40 | 489.12 | 3.87 |
| 灵关镇 | 234.54 | 7.53 | 1010.61 | 2367.28 | 18.72 |
| 大溪乡 | 51.70 | 1.66 | 1061.84 | 546.82 | 4.32 |

环境成本随海拔增加有明显的变化(表 4-14),随着海拔增加,单位面积环境成本呈现明显降低趋势。其中,海拔 500~1000m 的单位面积环境成本最高,为 4826.23 元/hm²;当海拔增加到 1000~1500m 时,单位面积环境成本快速下降到 1866.96 元/hm²,降幅为 61.32%;当海拔增加到 1500~2000m 时,单位面积环境成本下降到 840.22 元/hm²,降幅为 55.00%。整体上来看,宝兴县的环境成本主要集中在海拔 1000~2000m,占环境成本 1.26 亿元的 56.72%。

表 4-14 环境成本随海拔变化

| 海拔/m | 面积/km² | 面积比例/% | 单位面积环境成本/(元/hm²) | 环境成本/(万元/年) | 成本比例/% |
|---|---|---|---|---|---|
| 500~1000 | 33.92 | 1.09 | 4826.23 | 1636.72 | 12.94 |
| 1000~1500 | 220.31 | 7.10 | 1866.96 | 4108.87 | 32.49 |
| 1500~2000 | 364.87 | 11.75 | 840.22 | 3064.64 | 24.23 |
| 2000~3000 | 1158.44 | 37.32 | 208.32 | 2412.67 | 19.08 |
| 3000~4000 | 1044.83 | 33.66 | 110.53 | 1154.60 | 9.13 |
| 4000~5000 | 281.20 | 9.06 | 95.79 | 269.02 | 2.13 |
| >5000 | 0.61 | 0.02 | 0.00 | 0.00 | 0.00 |

环境成本随坡度增加呈现明显的变化趋势(表 4-15)。当坡度小于 5°,单位面积环境成本最大,为 2277.27 元/hm²,坡度大于 25°,单位面积环境成本最小,为 265.00 元/hm²,两者相差 8.59 倍。随着坡度增加,单位面积环境成本呈现下降趋势。整体上来看,坡度大于 25°,环境成本最高,占环境成本 1.26 亿元的 50.40%,坡度 20°~25°次之,占环境成本 1.26 亿元的 17.46%。

表 4-15　环境成本随坡度变化

| 坡度/(°) | 面积/km² | 面积比例/% | 单位面积环境成本/(元/hm²) | 环境成本/(万元/年) | 成本比例/% |
|---|---|---|---|---|---|
| <5 | 37.59 | 1.21 | 2277.27 | 854.29 | 6.76 |
| 5~10 | 43.85 | 1.41 | 1328.75 | 581.14 | 4.60 |
| 10~15 | 100.67 | 3.24 | 1008.62 | 1013.23 | 8.01 |
| 15~20 | 195.56 | 6.30 | 827.26 | 1615.42 | 12.77 |
| 20~25 | 320.87 | 10.34 | 688.74 | 2208.60 | 17.46 |
| >25 | 2405.66 | 77.50 | 265.00 | 6373.84 | 50.40 |

# 4.4　机会成本

## 4.4.1　核算方法

机会成本取决于农户对土地的利用方式。宝兴县农业主要包括粮食作物、经济作物和药材水果种植，以及草地放牧。因此，机会成本从种植和养殖两个方面进行考虑。本书中最后采用种植机会成本和养殖机会成本相综合的结果分析机会成本随海拔、坡度的变化以及各乡镇的差异。

**1. 种植机会成本**

首先根据研究区情况，选择典型物种，选择适宜性评价指标，进行生态适宜性评价，叠加土地利用，计算单一物种机会成本，进行机会成本汇总。

土地适宜性评价既要考虑土地本身的状况，还要考虑当地的气候条件，考虑到数据的可获得性，从气象、土壤和地形三个方面构建 5 个评价指标(表 4-16)。上述指标尽管有部分重复，但采用空间叠加方法，可以使适宜区划分更为精细。评价结果只分为两级：适宜和不适宜。

表 4-16　生态适宜性评价指标

| 序号 | 内容层 | 指标层 |
|---|---|---|
| 1 | 气象 | 年均气温 |
| 2 | 气象 | 年有效积温 |
| 3 | 气象 | 年降水量 |
| 4 | 土壤 | 土壤类型 |
| 5 | 地形 | 坡度 |

注：主要考虑坡度的是农作物，林草不考虑坡度，但考虑到人工收获的问题，坡度不宜太大。

机会成本的估算主要从种植适宜性与种植意愿[166]相结合的角度出发，以评估种植不同作物的潜在收益为目标，分析研究区内各地块因保护而损失的收益。具体计算时，首先分析评估区不同种植作物的生态适宜性，再根据种植意愿得到最终机会成本公式[式(4-7)]。此外，由于每个作物的收益成本各不相同，在不考虑种植意愿的条件下，选取利益的最大值时可认为是理论的最大成本公式[式(4-10)]。

$$Cost_o = \sum_i a_i^X \times C_n \times P_n \qquad (4\text{-}7)$$

式中，$Cost_o$ 为实际机会成本；$a_i$ 为第 $i$ 类因子的种植适宜性值；$X$ 为系数，本书中取值为 $-1.2$；$C_n$ 为第 $n$ 类作物的收益成本；$P_n$ 为种植第 $n$ 类作物的概率。

$$a_i = \begin{cases} 1 & (0.8 \leqslant Ratio_i \leqslant 1 \text{ 或 } 1 \leqslant Ratio_i \leqslant 1.2) \\ 2 & (0.6 \leqslant Ratio_i < 0.8 \text{ 或 } 1.2 < Ratio_i \leqslant 1.4) \\ 3 & (0.4 \leqslant Ratio_i < 0.6 \text{ 或 } 1.4 < Ratio_i \leqslant 1.6) \\ 4 & (0.2 \leqslant Ratio_i < 0.4 \text{ 或 } 1.6 < Ratio_i \leqslant 1.8) \\ 5 & (Ratio_i < 0.2 \text{ 或 } Ratio_i > 1.8) \end{cases} \qquad (4\text{-}8)$$

式中，$a_i$ 为种植适宜性值，与式(4-7)中一致；$Ratio_i$ 为第 $i$ 类影响因素的最适生境条件与评估区的当前条件的比值，即

$$Ratio_i = \frac{S_i}{A_i} \qquad (4\text{-}9)$$

式中，$Ratio_i$ 与式(4-8)中一致；$A_i$ 为第 $i$ 类因素的最适宜值；$S_i$ 为评估区当前第 $i$ 类因素的值。

$$Cost_t = \max(a_i^X \times C_n) \qquad (4\text{-}10)$$

式中，$Cost_t$ 为理论机会成本，其余参数与式(4-7)一致。

在具体评估时，选择宝兴县主要的有经济价值的植物物种，采用种植概率和选取利益最大值法两种方法进行计算。种植概率采用统计资料中全县的该物种的种植比例，详情见表 4-17。

**表 4-17　种植机会成本评估物种**

| 序号 | 物种 | 适宜生长土地类型 | 收益/(元/hm²) | 种植概率/% |
|------|------|------------------|----------------|-------------|
| 1 | 小麦 | 水田、旱地 | 2085 | 8.6 |
| 2 | 水稻 | 水田、旱地 | 6435 | 2.7 |
| 3 | 玉米 | 水田、旱地 | 3960 | 19.5 |
| 4 | 土豆 | 水田、旱地 | 5790 | 12.3 |
| 5 | 魔芋 | 水田、旱地 | 61500 | 3.4 |
| 6 | 山药 | 水田、旱地 | 25380 | 3.4 |
| 7 | 茶 | 水田、旱地 | 12000 | 5.5 |

| 序号 | 物种 | 适宜生长土地类型 | 收益/(元/hm²) | 种植概率/% |
|---|---|---|---|---|
| 8 | 猕猴桃 | 水田、旱地、常绿阔叶林、落叶阔叶林、常绿针叶林、针阔混交林、常绿阔叶灌木林、落叶阔叶灌木林、常绿针叶灌木林、乔木园地、稀疏灌木林 | 6000 | 3.4 |
| 9 | 苹果 | 水田、旱地、常绿阔叶林、落叶阔叶林、常绿针叶林、针阔混交林、常绿阔叶灌木林、落叶阔叶灌木林、常绿针叶灌木林、乔木园地、稀疏灌木林 | 82500 | 3.4 |
| 10 | 川芎 | 水田、旱地 | 9180 | 2.3 |
| 11 | 川牛膝 | 水田、旱地 | 15000 | 2.3 |
| 12 | 柏树 | 水田、旱地 | 54750 | 2.3 |
| 13 | 川木香 | 水田、旱地 | 22500 | 2.3 |
| 14 | 厚朴 | 水田、旱地、常绿阔叶林、落叶阔叶林、常绿针叶林、针阔混交林、常绿阔叶灌木林、落叶阔叶灌木林、常绿针叶灌木林、乔木园地、稀疏灌木林 | 7500 | 2.3 |
| 15 | 玄参 | 水田、旱地 | 4500 | 2.3 |
| 16 | 柳杉 | 水田、旱地、常绿阔叶林、落叶阔叶林、常绿针叶林、针阔混交林、常绿阔叶灌木林、落叶阔叶灌木林、常绿针叶灌木林、乔木园地、稀疏灌木林 | 18000 | 23.8 |

**2. 养殖机会成本**

草地机会成本的计算是使用合理载畜量[167]的经济收益表示，草地机会成本等于羊的理论载畜量与单只羊的净收益的乘积，按照式(4-11)计算。

$$Cost = Num\text{-}sheep \times price \tag{4-11}$$

式中，$Cost$ 为草地机会成本，元；$Num\text{-}sheep$ 为合理载畜量，只，用产草量和利用率计算；$price$ 为单只羊的净收益，元/只。

$$Num\text{-}sheep = \frac{标准干草产量(kg) \times 放牧利用率(\%)}{657(kg/只)} \tag{4-12}$$

式中，657(kg/只)为 1 个标准羊单位全年的牧草采食量。

结合宝兴实际情况，使用山地草甸类 2008～2011 年产草量平均值 5211.75 kg/hm² 与宝兴县草地面积的乘积作为产草量，乘以干鲜比 31% 换算为标准干草产量，使用 NDVI 调整标准干草产量的值，放牧利益率取 55%，单只羊的净收益取 1000 元，根据式(4-11)计算出宝兴县草地的机会成本。将草地机会成本替换掉耕地机会成本中草地的部分，得到最终的机会成本。

## 4.4.2　核算结果

### 1.　种植机会成本

两种种植机会成本核算结果有较为明显的差异。考虑种植意愿的耕地机会成本为 18.06 亿元，单位面积机会成本为 5905.58 元/hm²，标准差 1978.38 元/hm²（图 4-5a）。而不考虑种植意愿，选取利益最大值的耕地机会成本 148.89 亿元，单位面积机会成本为 48675.83 元/hm²，标准差 14952.01 元/hm²（图 4-5b）。

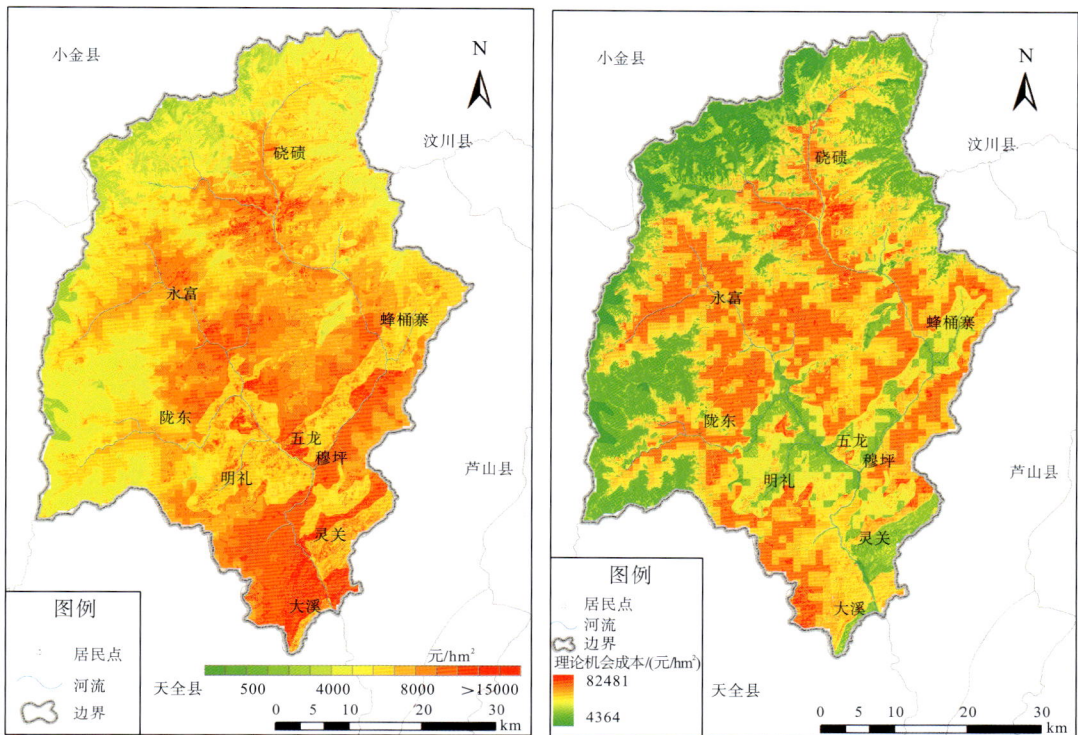

　　　　　（a）考虑种植意愿　　　　　　　　　　　　　（b）选取利益最大值

图 4-5　种植机会成本

### 2.　机会成本

以考虑种植意愿的机会成本作为种植机会成本，综合种植和养殖的机会成本，得到宝兴县机会成本见图 4-6，宝兴县机会成本为 16.97 亿元，单位面积机会成本为 5450.52 元/hm²。

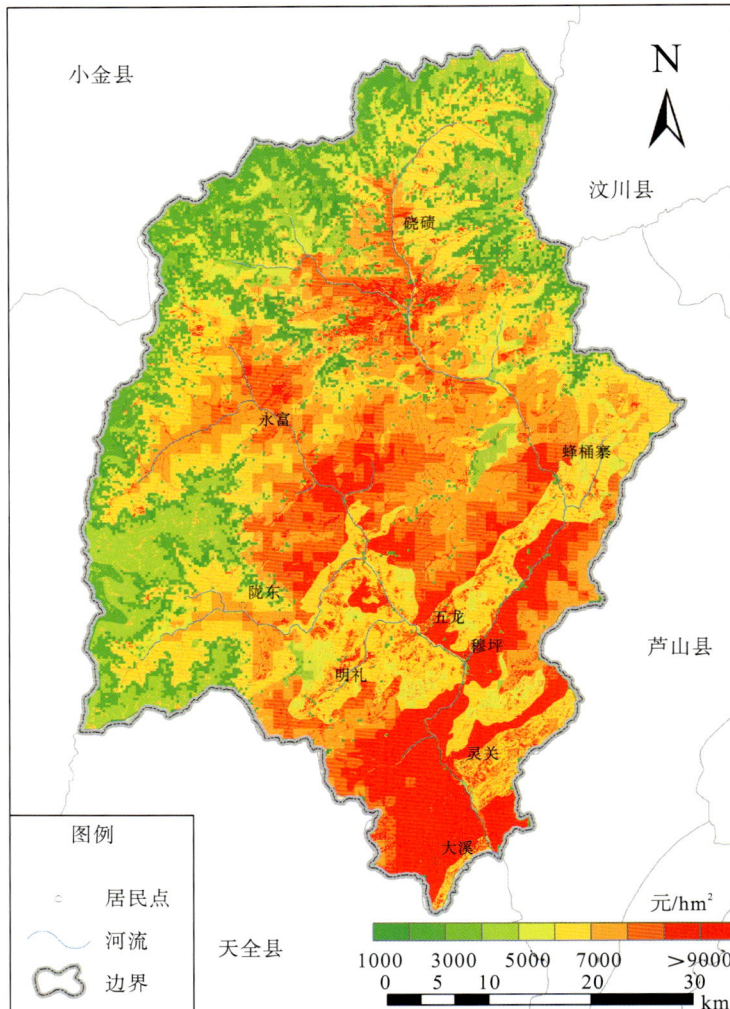

图 4-6　机会成本空间分布

　　利用种植意愿与草地养殖机会成本叠加分析其空间变化。机会成本的空间差异体现在不同乡镇上(表 4-18)。其中，各乡镇单位面积机会成本由大到小依次为：大溪乡>灵关镇>穆坪镇>五龙乡>蜂桶寨乡>明礼乡>永富乡>陇东镇>硗碛乡，大溪乡的机会成本最高，为 8163.62 元/hm²，硗碛乡机会成本最低，为 4289.72 元/hm²，两者相差 1.90倍。而就整个宝兴县机会成本分布看，硗碛乡机会成本最高，占总机会成本的 34.33%，五龙乡机会成本最低，占总机会成本的 1.72%。

表 4-18　各乡镇机会成本

| 乡镇 | 面积/km² | 面积比例/% | 单位面积机会成本/(元/hm²) | 机会成本/(万元/年) | 成本比例/% |
|---|---|---|---|---|---|
| 硗碛乡 | 947.70 | 30.45 | 4289.72 | 40652.40 | 34.33 |
| 永富乡 | 657.49 | 21.12 | 5419.26 | 35631.00 | 12.57 |

| 乡镇 | 面积/km² | 面积比例/% | 单位面积机会成本/(元/hm²) | 机会成本/(万元/年) | 成本比例/% |
|---|---|---|---|---|---|
| 蜂桶寨乡 | 367.55 | 11.81 | 6156.33 | 22627.50 | 16.28 |
| 陇东镇 | 495.52 | 15.92 | 4911.82 | 24339.00 | 8.11 |
| 穆坪镇 | 166.52 | 5.35 | 7196.72 | 11984.20 | 8.35 |
| 五龙乡 | 74.74 | 2.40 | 6701.47 | 5008.72 | 1.72 |
| 明礼乡 | 116.99 | 3.76 | 6118.49 | 7157.97 | 2.69 |
| 灵关镇 | 234.54 | 7.53 | 7690.89 | 18037.90 | 13.40 |
| 大溪乡 | 51.70 | 1.66 | 8163.62 | 4220.71 | 2.54 |

机会成本具有明显的随海拔增加而变化的趋势（表 4-19），总体情况是随着海拔的升高，单位面积机会成本呈现出下降的趋势。其中，500～1000m 的单位面积机会成本最大，为 8834.97 元/hm²；5000m 以上的单位面积机会成本最低，为 410.12 元/hm²；在 500～3000m，随着海拔的升高，单位面积机会成本缓慢下降；在 3000m 以上，随着海拔的升高，单位面积机会成本快速下降。从整个宝兴的机会成本分布来看，2000～3000m 的机会成本最高，占总机会成本的 44.32%。

**表 4-19　机会成本随海拔变化**

| 海拔/m | 面积/km² | 面积比例/% | 单位面积机会成本/(元/hm²) | 机会成本/(万元/年) | 成本比例/% |
|---|---|---|---|---|---|
| 500～1000 | 33.92 | 1.09 | 8834.97 | 2996.75 | 1.77 |
| 1000～1500 | 220.31 | 7.10 | 7804.38 | 17188.60 | 10.13 |
| 1500～2000 | 364.87 | 11.75 | 7184.67 | 26211.10 | 15.45 |
| 2000～3000 | 1158.44 | 37.32 | 6490.79 | 75183.40 | 44.32 |
| 3000～4000 | 1044.83 | 33.66 | 3828.33 | 39996.30 | 23.58 |
| 4000～5000 | 281.20 | 9.06 | 2861.48 | 8041.31 | 4.74 |
| >5000 | 0.61 | 0.02 | 410.12 | 2.45 | 0.0014 |

不同坡度的机会成本情况如表 4-20 所示，10°～15° 的单位面积机会成本最大为 6740.90 元/hm²，大于 25° 的机会成本最小，为 5299.12 元/hm²。机会成本随着坡度增加呈现波动变化趋势。当坡度小于 15°，随着坡度增加，机会成本呈现增加趋势，但是增幅有限；当坡度大于 15°，随着坡度增加，机会成本呈现下降趋势。就整个宝兴县机会成本分布看，大于 25° 的土地的机会成本占总机会成本的 75.15%。

表 4-20　机会成本随坡度变化

| 坡度/(°) | 面积/km² | 面积比例/% | 单位面积机会成本/(元/hm²) | 机会成本/(万元/年) | 成本比例/% |
|---|---|---|---|---|---|
| <5 | 37.59 | 1.21 | 6473.13 | 2431.41 | 1.43 |
| 5~10 | 43.85 | 1.41 | 6499.36 | 2846.50 | 1.68 |
| 10~15 | 100.67 | 3.24 | 6740.90 | 6779.36 | 4.00 |
| 15~20 | 195.56 | 6.30 | 6356.63 | 12423.30 | 7.32 |
| 20~25 | 320.87 | 10.34 | 5508.03 | 17669.00 | 10.42 |
| >25 | 2405.66 | 77.50 | 5299.12 | 127470.00 | 75.15 |

# 第 5 章　生态补偿标准

本章在综合分析生态服务价值与生态补偿成本的基础上，首先按水源涵养、土壤保持、碳吸收和生物多样性保护四项服务各自提出了生态补偿标准，然后综合考虑四项服务提出了流域综合保护的补偿标准。接下来从生态系统的角度，分森林、草地和农田生态系统分别计算了生态补偿标准。最后按保护地类型和范围再次分别计算了补偿标准。以满足不同的补偿方案的需求。

## 5.1　按生态服务类型的补偿标准

### 5.1.1　水源涵养

按照受益者补偿的原则，生态服务价值是补偿的上限[168]，成本是补偿的下限[169,170]。考虑到补偿的效率，当机会成本超过价值时，按价值进行补偿。机会成本高于服务价值，对这种情况进行补偿需要区分：本身没有很高的服务价值，但是很重要，如水源地保护区；本身没有很高服务价值，也不重要，不适合进行补偿；本身有很高服务价值，但机会成本也很高，可以进行补偿，但代价很高。

对于水源涵养价值分三种：①水资源价格；②水费调整前；③水费调整后。水源涵养服务的相关成本分为 7 种组合：①保护成本；②环境成本；③机会成本；④保护+环境；⑤保护+机会；⑥环境+机会；⑦保护+环境+机会。在环境成本中有面源污染的防止成本和生活污水处理成本。图 5-1 表示了以水资源价格计算的水源涵养服务价值和 7 种成本为依据计算的 21 种水源涵养补偿标准；图 5-2 表示了以水费调整前的水价计算的水源涵养服务价值和 7 种成本为依据计算的 21 种水源涵养补偿标准；图 5-3 表示了以水费调整后的水价计算的水源涵养服务价值和 7 种成本为依据计算的 21 种水源涵养补偿标准。在不同的组合条件下，水源涵养补偿标准有明显的变化，但总体格局仍保持一致，县域南部补偿标准相对较高，而东部在陇东镇的东南部补偿标准相对较低。

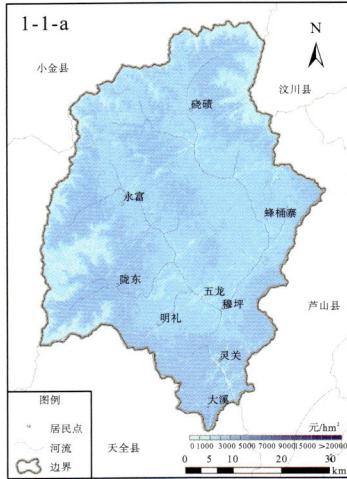
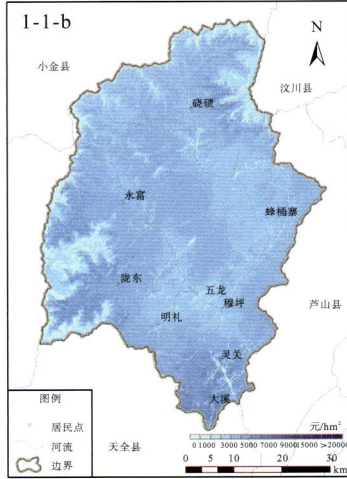
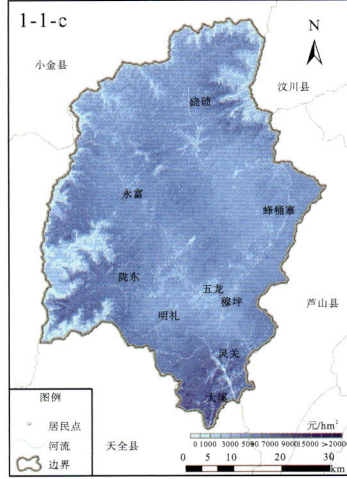
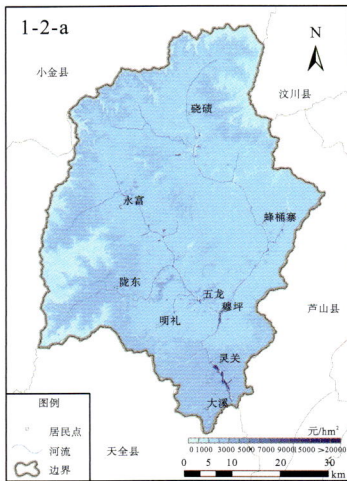
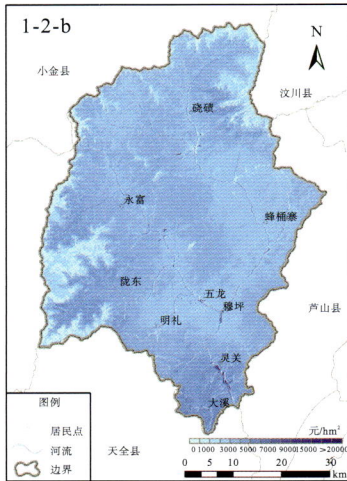
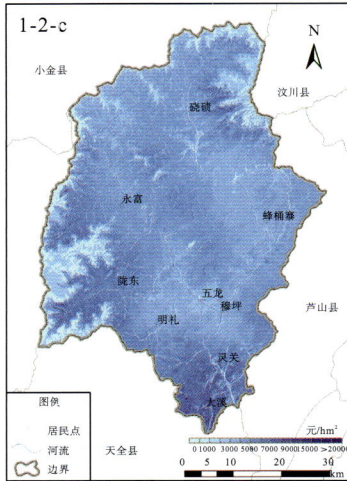
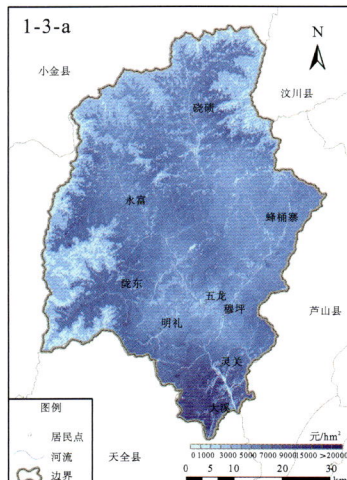
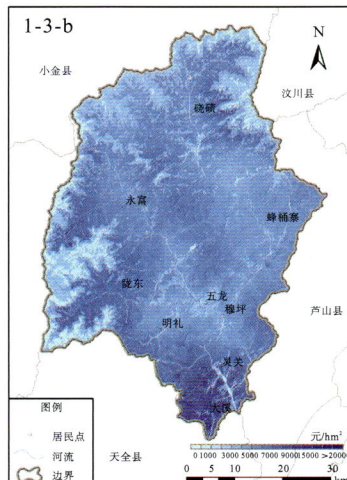
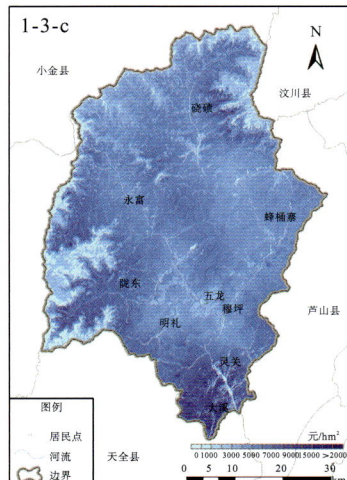

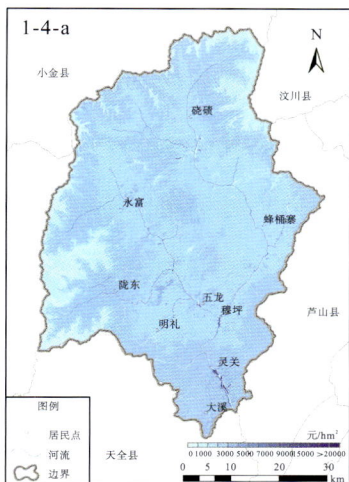

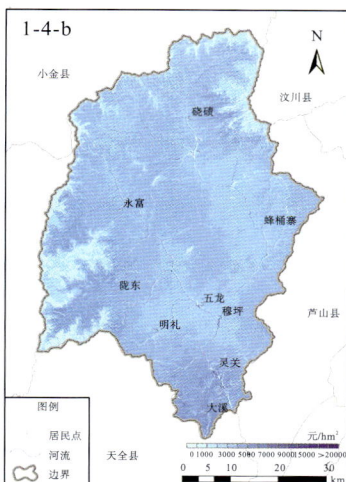

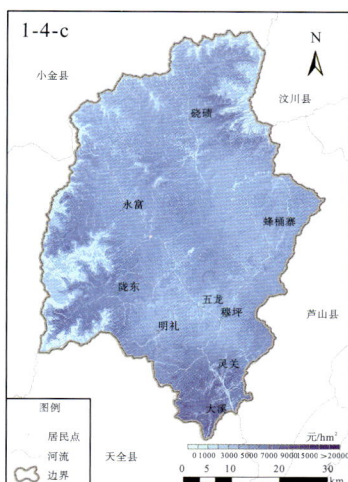

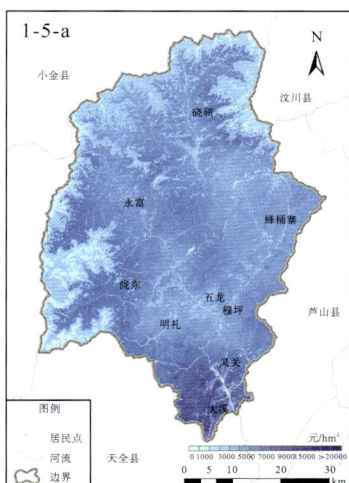

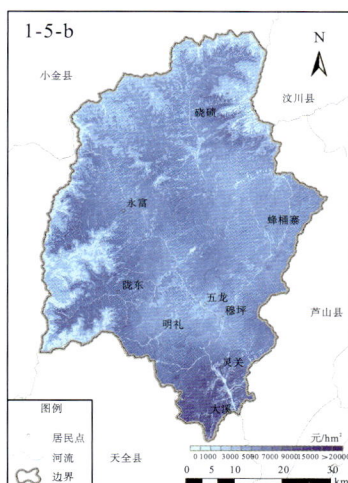

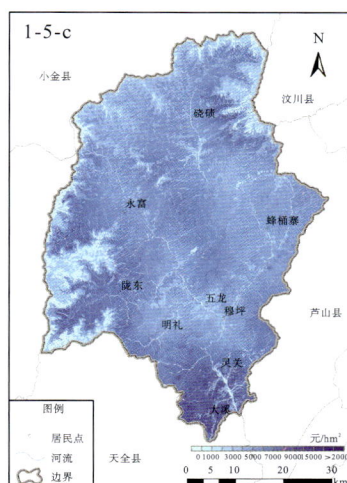

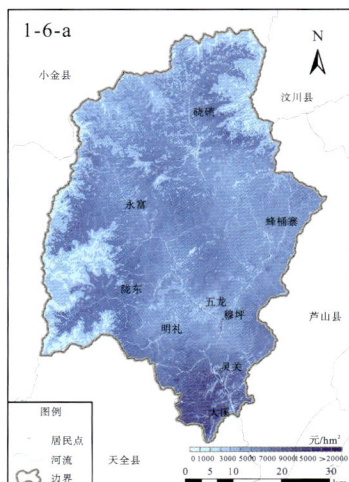

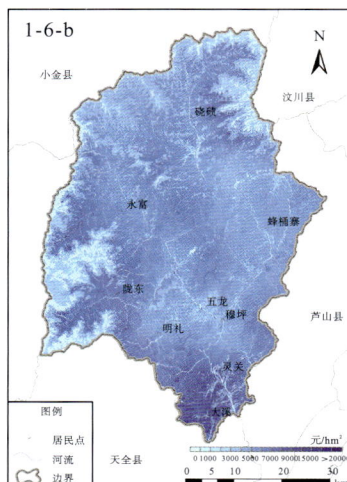

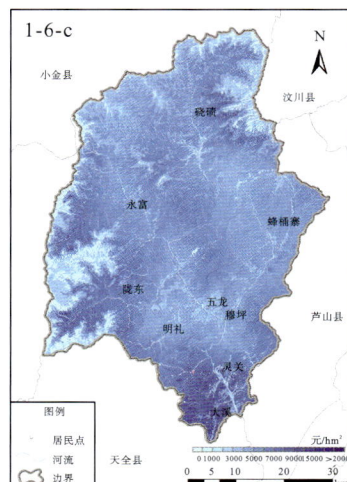

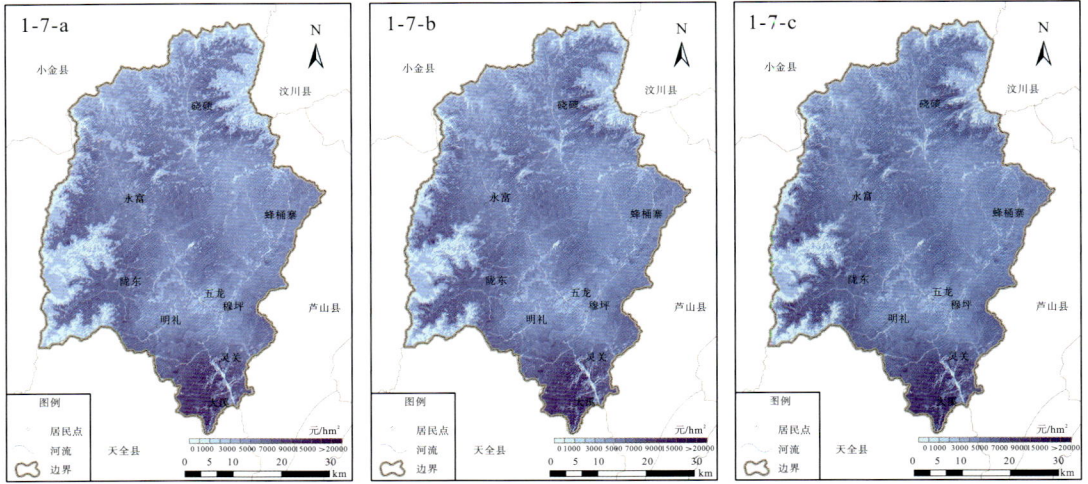

图 5-1　水源涵养补偿标准

注：图中标号第 1 位数字表示不同价值；第二位数字表示不同成本；a、b、c 分别表示低、中、高三种标准；余同。

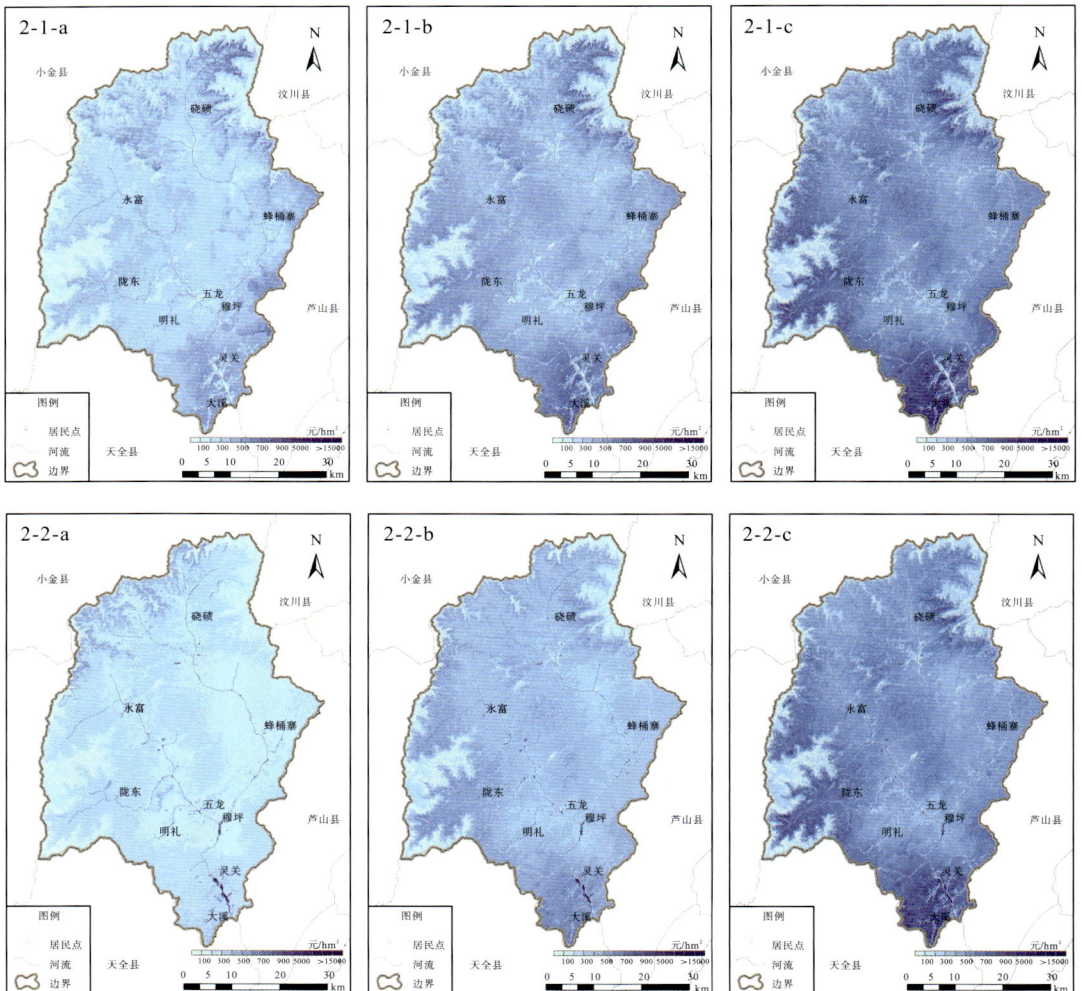

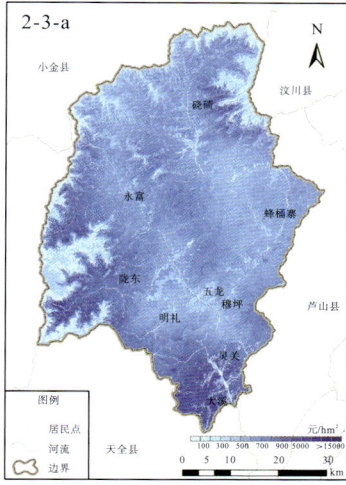

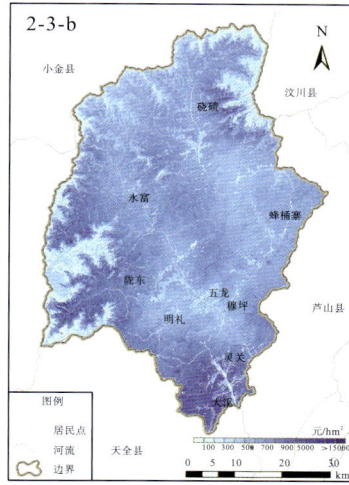

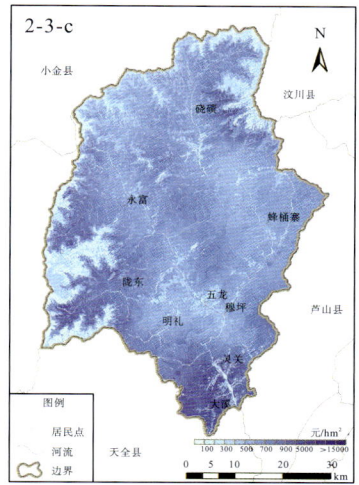

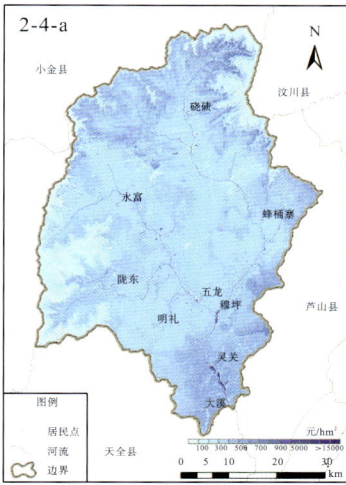

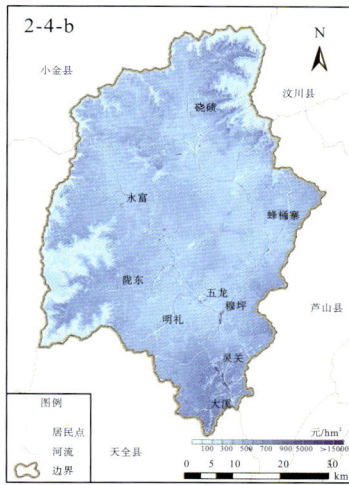

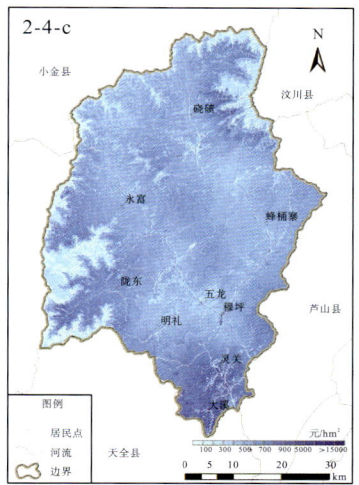

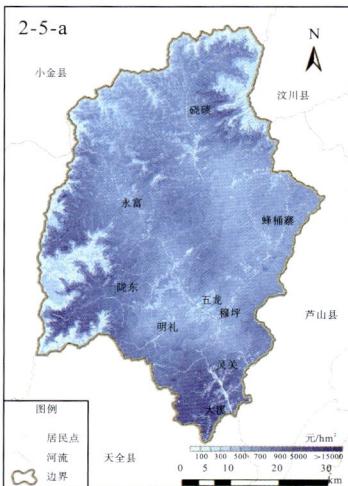

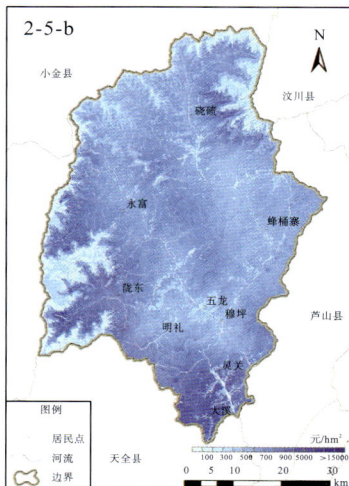

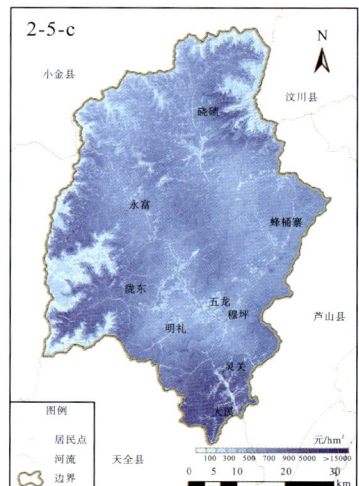

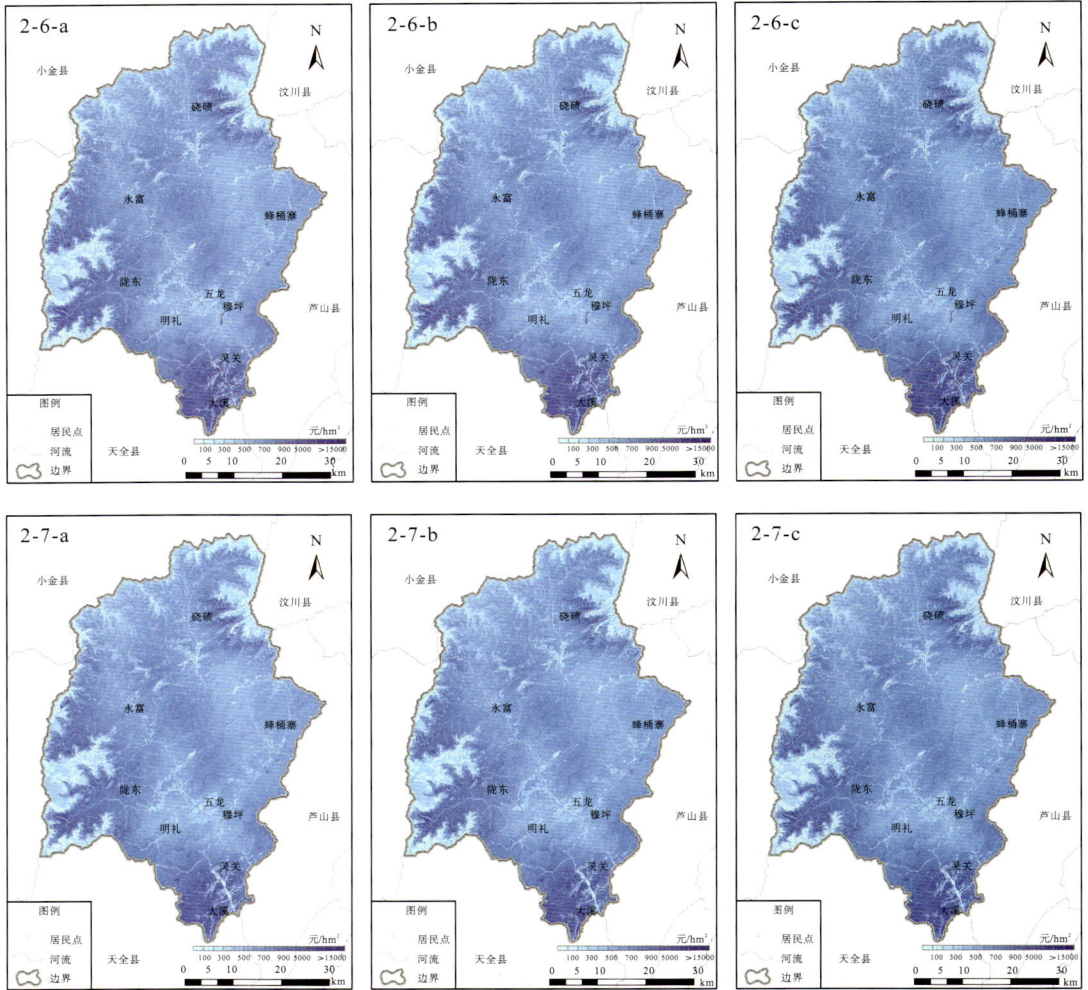

图 5-2　水源涵养补偿标准

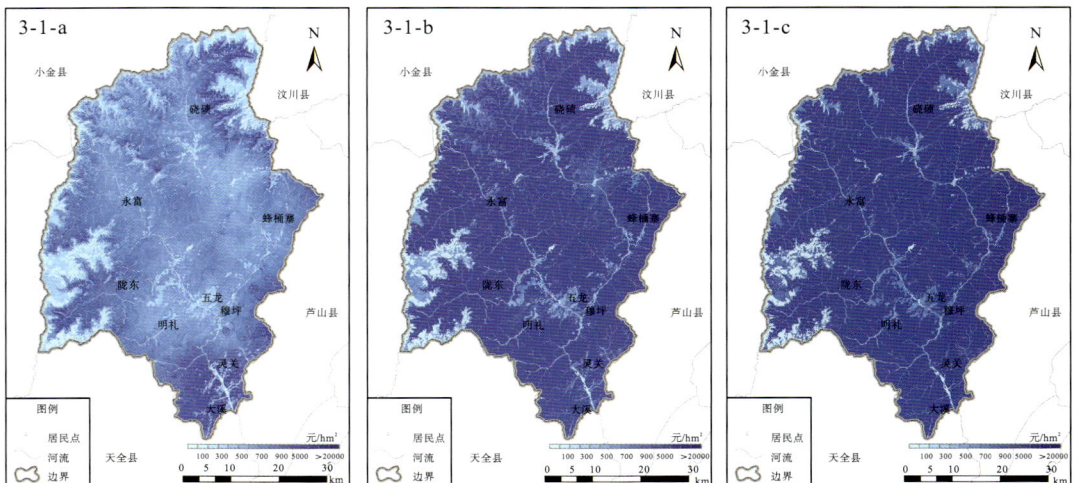

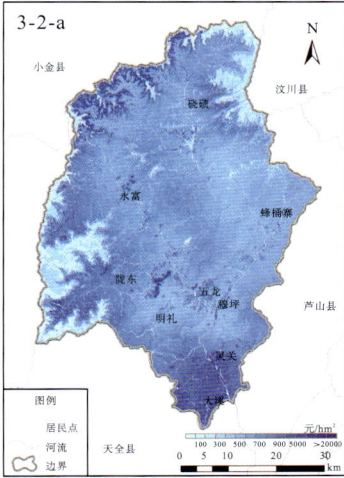

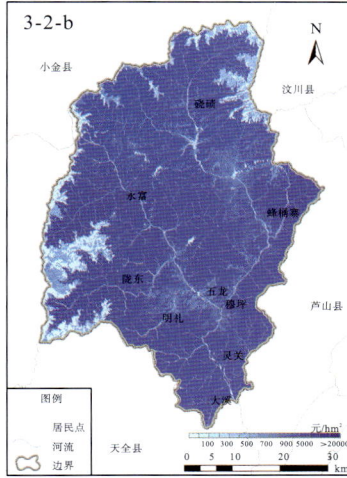

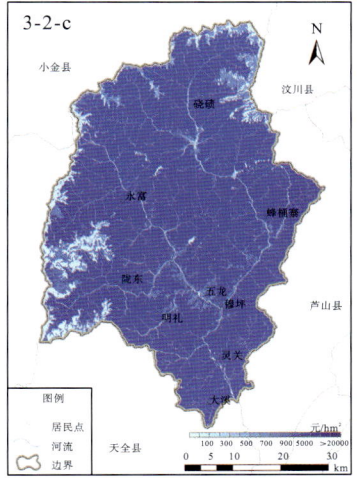

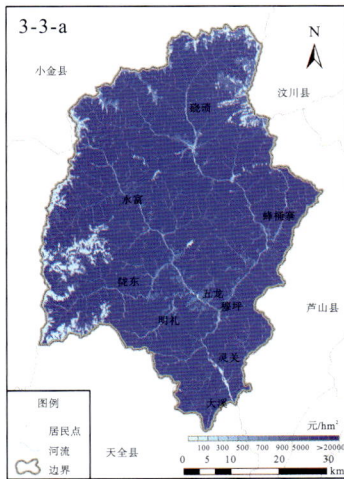

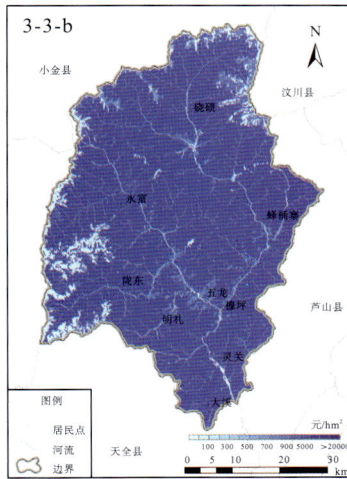

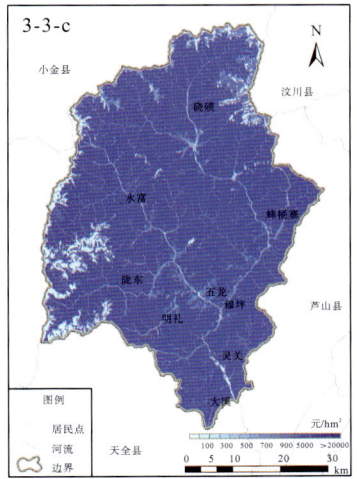

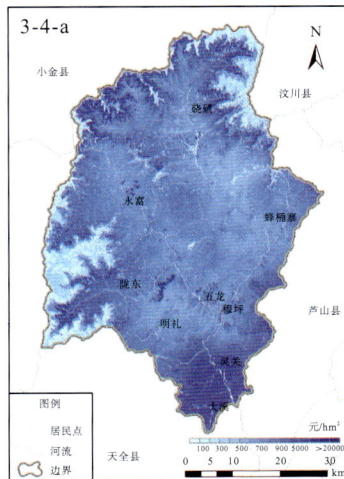

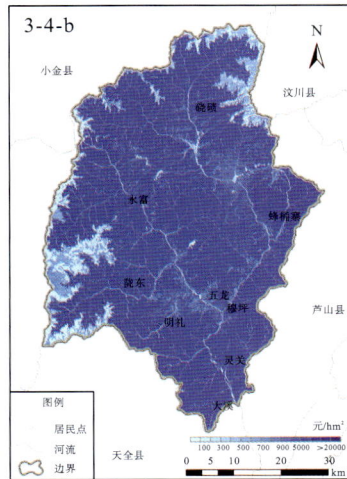

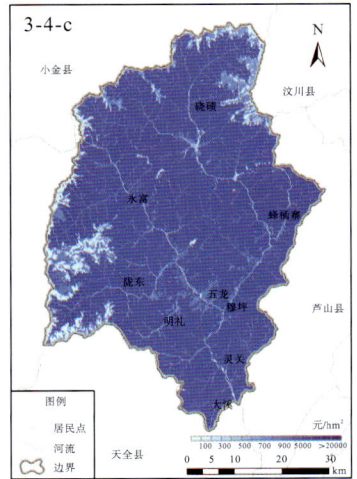

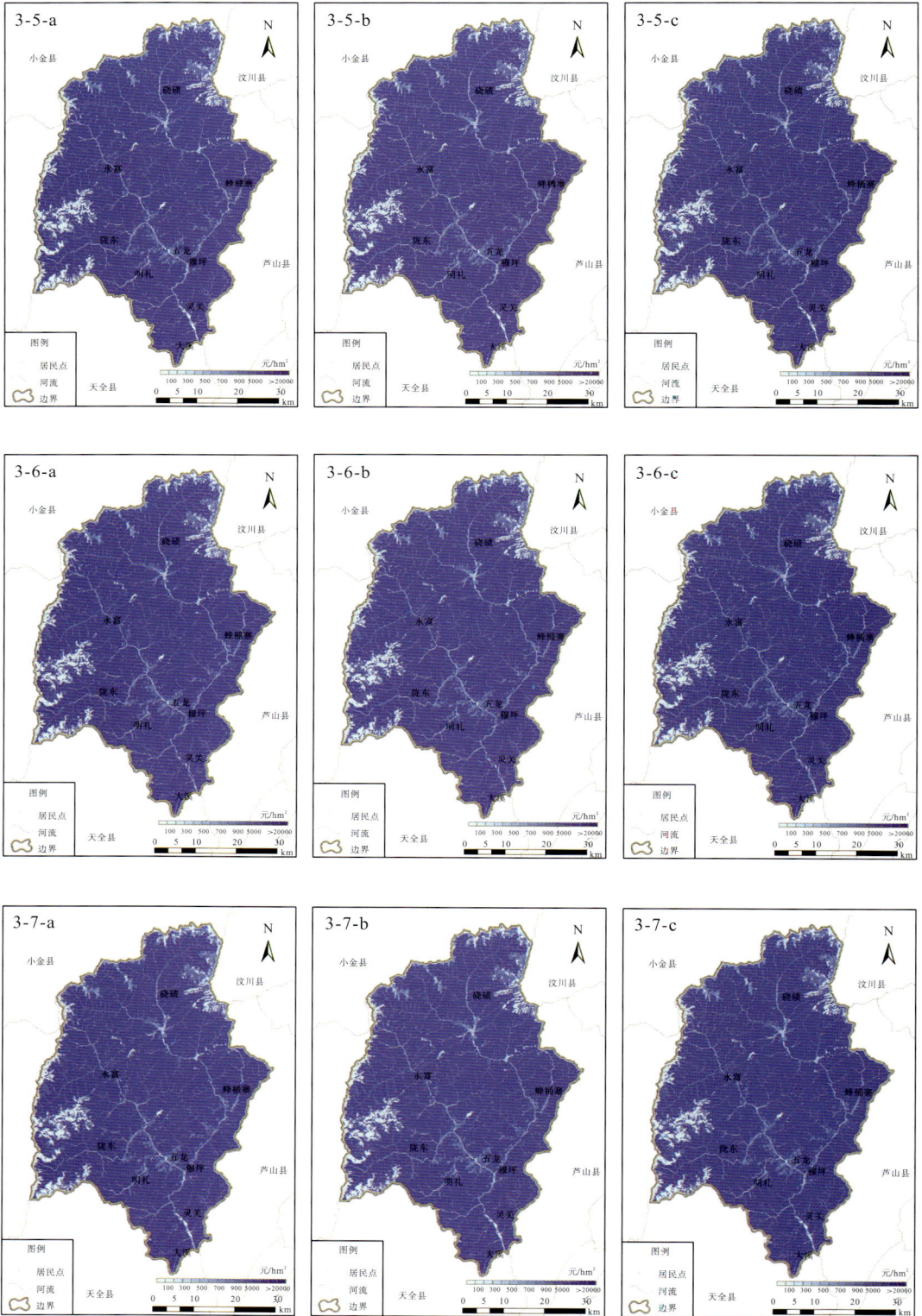

图 5-3　水源涵养补偿标准

　　不同补偿方案下，水源涵养的补偿标准为 140.66～3801.71 元/hm²，最高标准是最低标准的 27 倍。方案 1-2 补偿标准最低，其高标准平均值为 386.81 元/hm²，标准差为 238.64 元/hm²，低标准平均值 140.66 元/hm²，标准差为 662.89 元/hm²。方案 3-7 补偿标准最高，其高标准平均值为 3801.71 元/hm²，标准差为 1858.21 元/hm²，低标准平均值 3578.90 元/hm²，标准差为 1867.98 元/hm²（表 5-1）。

表 5-1　水源涵养补偿标准　　　　　　　　（单位：元/hm²）

| 方案 | 价值 | 成本 | 低标准(2∶8) | 中等标准(5∶5) | 高标准(8∶2) |
|---|---|---|---|---|---|
| 1-1 | 468.64(229.64) | 118.62(121.47) | 185.25(119.66) | 291.52(149.11) | 397.80(194.78) |
| 1-2 | 468.64(229.64) | 396.02(1964.12) | 140.66(662.89) | 263.74(422.95) | 386.81(238.64) |
| 1-3 | 468.64(229.64) | 5450.52(2531.88) | 465.91(230.37) | 466.94(229.35) | 467.97(229.24) |
| 1-4 | 468.64(229.64) | 514.64(1953.58) | 215.68(403.77) | 310.62(277.53) | 405.57(211.08) |
| 1-5 | 468.64(229.64) | 5569.14(2560.65) | 465.97(230.35) | 466.97(229.36) | 467.98(229.23) |
| 1-6 | 468.64(229.64) | 5849.07(3520.02) | 480.84(439.15) | 476.35(323.94) | 471.86(243.78) |
| 1-7 | 468.64(229.64) | 5965.16(3532.79) | 466.34(229.97) | 467.29(229.07) | 468.24(229.03) |
| 2-1 | 2284.64(1119.49) | 118.62(121.47) | 549.76(277.91) | 1200.35(587.06) | 1850.94(905.73) |
| 2-2 | 2284.64(1119.49) | 396.02(1964.12) | 545.06(704.19) | 1197.81(666.51) | 1850.55(891.37) |
| 2-3 | 2284.64(1119.49) | 5450.52(2531.88) | 2170.69(1138.59) | 2213.43(1116.06) | 2256.18(1111.89) |
| 2-4 | 2284.64(1119.49) | 514.64(1953.58) | 623.10(485.91) | 1246.58(609.87) | 1870.06(895.35) |
| 2-5 | 2284.64(1119.49) | 5569.14(2560.65) | 2178.69(1134.14) | 2218.44(1114.65) | 2258.18(1111.90) |
| 2-6 | 2284.64(1119.49) | 5849.07(3520.02) | 2199.51(1169.76) | 2231.85(1121.84) | 2264.18(1108.08) |
| 2-7 | 2284.64(1119.49) | 5965.16(3532.79) | 2192.58(1125.13) | 2227.52(1109.23) | 2262.45(1109.48) |
| 3-1 | 3874.13(1898.34) | 118.62(121.47) | 867.66(428.44) | 1995.10(975.44) | 3122.53(1528.70) |
| 3-2 | 3874.13(1898.34) | 396.02(1964.12) | 879.03(763.57) | 2002.88(991.37) | 3126.72(1503.24) |
| 3-3 | 3874.13(1898.34) | 5450.52(2531.88) | 3530.55(1888.82) | 3659.42(1848.34) | 3788.28(1860.86) |
| 3-4 | 3874.13(1898.34) | 514.64(1953.58) | 957.44(582.07) | 2051.88(967.83) | 3146.32(1511.26) |
| 3-5 | 3874.13(1898.34) | 5569.14(2560.65) | 3549.89(1892.52) | 3671.50(1853.28) | 3793.12(1863.84) |
| 3-6 | 3874.13(1898.34) | 5849.07(3520.02) | 3572.97(1879.93) | 3686.60(1835.55) | 3800.23(1853.31) |
| 3-7 | 3874.13(1898.34) | 5965.16(3532.79) | 3578.90(1867.98) | 3690.31(1839.19) | 3801.71(1858.21) |

　　注：方案编号中第 1 位数字表示不同价值，第 2 位数字表示不同成本；数据括号外为均值，括号内为标准差；余同。

## 5.1.2 土壤保持

土壤保持补偿时应分别考对泥沙淤积的补偿[171,172]（补偿主体为水库与电站），对废弃土地的补偿[173]（补偿主体为政府），养分流失的补偿[174,175]（补偿主体为政府）。因此，土壤保持补偿的价值有 3 种组合，成本有 3 种组合。土壤保持价值＋保护成本＋机会成本。①保护成本；②机会成本；③保护＋机会。图 5-4 表示以减少养分流失和废弃土地为依据计算的土壤保持服务价值和 3 种成本为依据计算的 9 种土壤保持补偿标准。图 5-5 表示以防止水电站停机为依据计算的土壤保持服务价值和 3 种成本为依据计算的 9 种土壤保持补偿标准。图 5-6 表示以减少养分流失和废弃土地以及防止水电站停机为依据计算的土壤保持服务价值和 3 种成本为依据计算的 9 种土壤保持补偿标准。

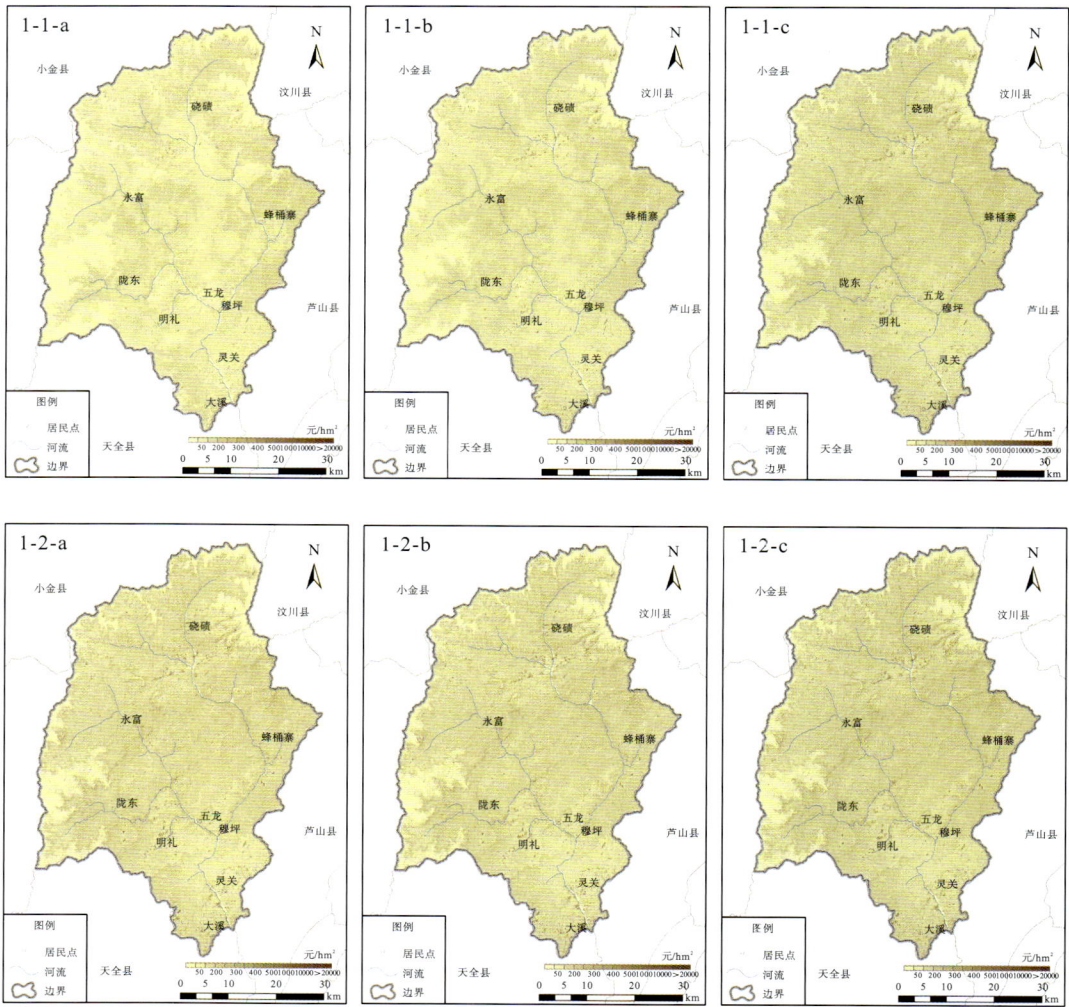

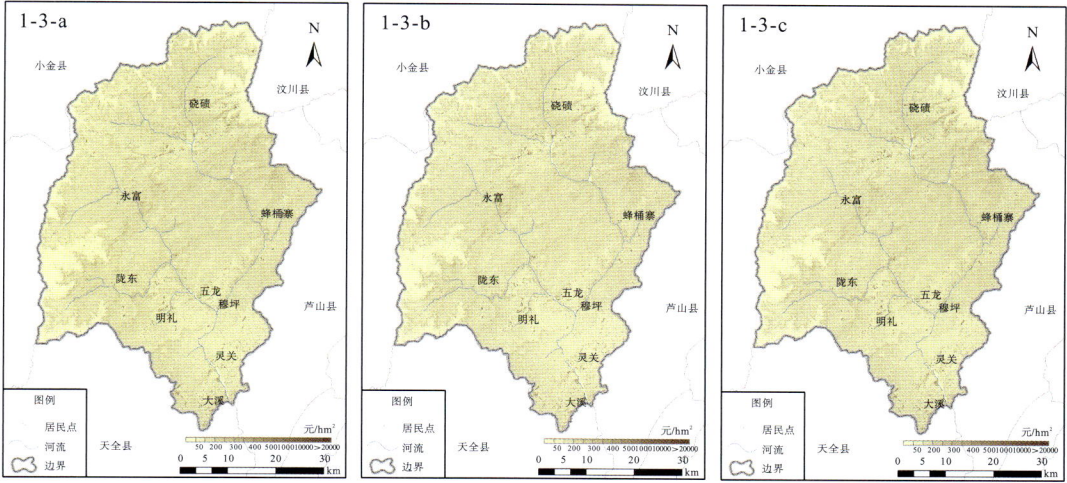

图 5-4  土壤保持补偿标准空间分布

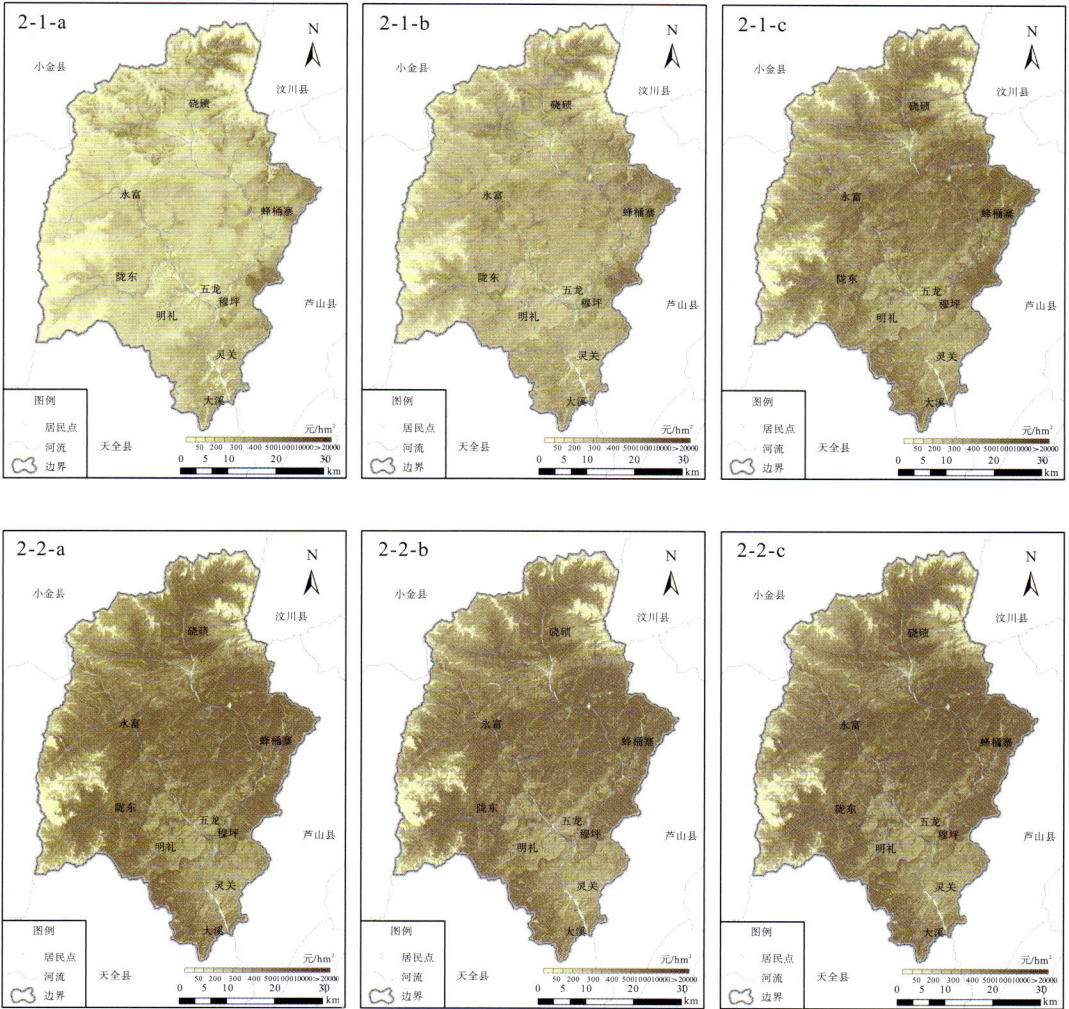

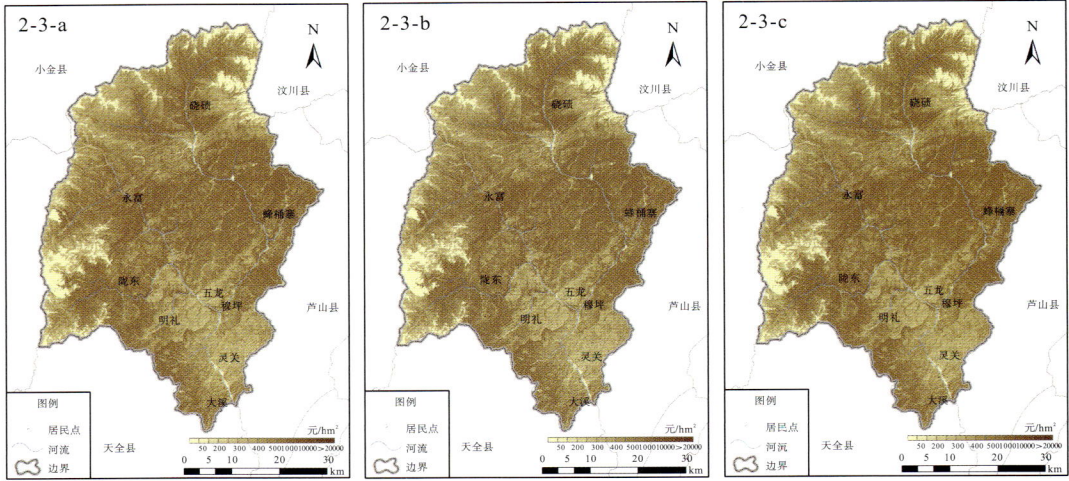

图 5-5　土壤保持补偿标准空间分布

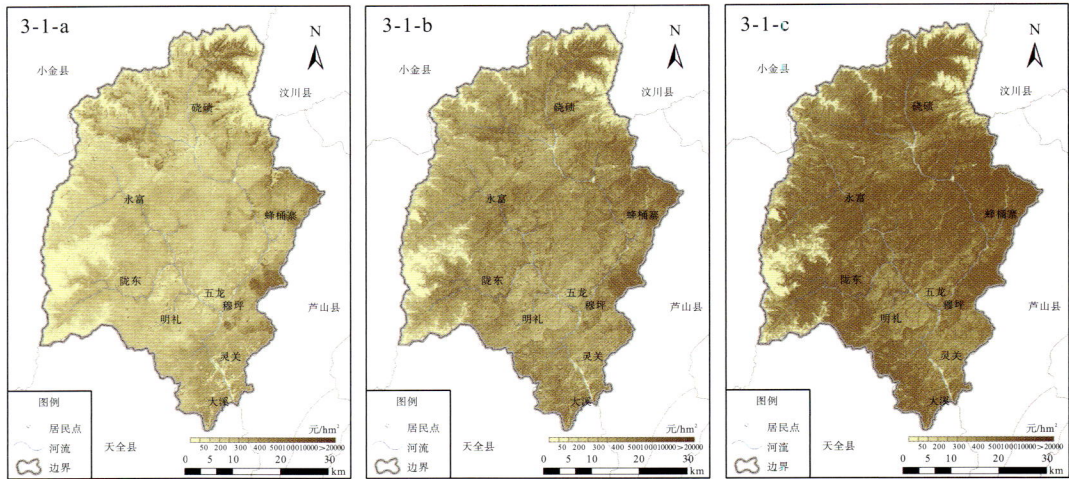

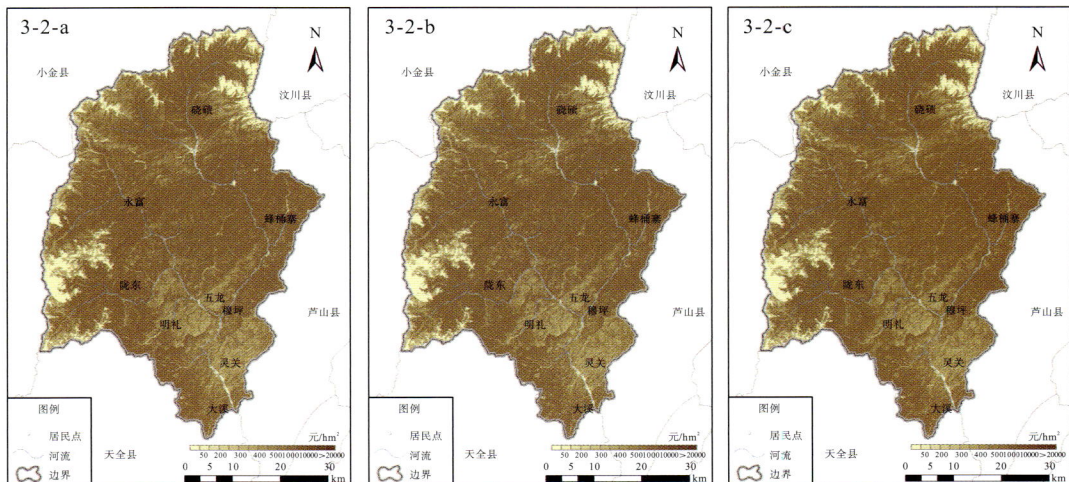

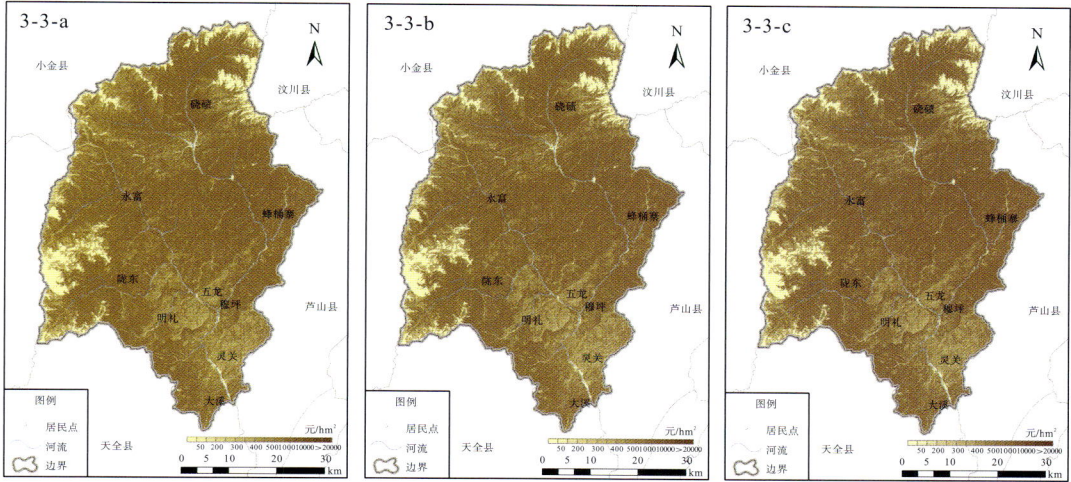

图 5-6　土壤保持补偿标准空间分布

不同补偿方案下，土壤保持的补偿标准在 82.78～556.80 元/hm²，最高标准是最低标准的 6.7 倍(表 5-2)。相对水源涵养服务的补偿标准，土壤保持的补偿标准选择范围更小。其中，方案 1-1 补偿标准最低，其高标准平均值为 116.74 元/hm²，标准差为183.62 元/hm²，低标准平均值 82.78 元/hm²，标准差为 65.77 元/hm²。方案 3-3 补偿标准最高，其高标准平均值为 556.80 元/hm²，标准差为 823.35 元/hm²，低标准平均值540.10 元/hm²，标准差为 579.15 元/hm²。

**表 5-2　土壤保持补偿标准**　　　　　　　　　　　　　　(单位：元/hm²)

| 方案 | 价值 | 成本 | 低标准(2∶8) | 中等标准(5∶5) | 高标准(8∶2) |
|---|---|---|---|---|---|
| 1-1 | 126.971(227.22) | 118.62(121.47) | 82.78(65.77) | 99.76(120.23) | 116.74(183.62) |
| 1-2 | 126.971(227.22) | 5450.52(2531.88) | 126.38(207.77) | 127.01(213.36) | 127.64(221.04) |
| 1-3 | 126.971(227.22) | 5569.14(2560.65) | 126.47(208.32) | 127.06(213.77) | 127.66(221.23) |
| 2-1 | 431.88(702.98) | 118.62(121.47) | 175.80(170.86) | 272.74(360.44) | 369.68(564.80) |
| 2-2 | 431.88(702.98) | 5450.52(2531.88) | 420.30(488.67) | 425.56(559.02) | 430.81(642.39) |
| 2-3 | 431.88(702.98) | 5569.14(2560.65) | 420.71(492.72) | 425.81(561.78) | 430.91(643.55) |
| 3-1 | 558.85(918.06) | 118.62(121.47) | 203.51(210.35) | 338.08(466.66) | 472.65(736.50) |
| 3-2 | 558.85(918.06) | 5450.52(2531.88) | 539.59(574.59) | 548.13(688.33) | 556.67(822.06) |
| 3-3 | 558.85(918.06) | 5569.14(2560.65) | 540.10(579.15) | 548.45(691.45) | 556.80(823.35) |

### 5.1.3　碳吸收

碳吸收服务补偿标准有 9 种组合，其中服务价值只有 1 种，补偿成本有 3 种，即保护成本、机会成本、保护成本＋机会成本。1 种价值和 3 种成本组合分别按 8∶2，5∶5和 2∶8 的比例关系进行叠加，得到 9 种碳吸收服务补偿标准图(图 5-7)。

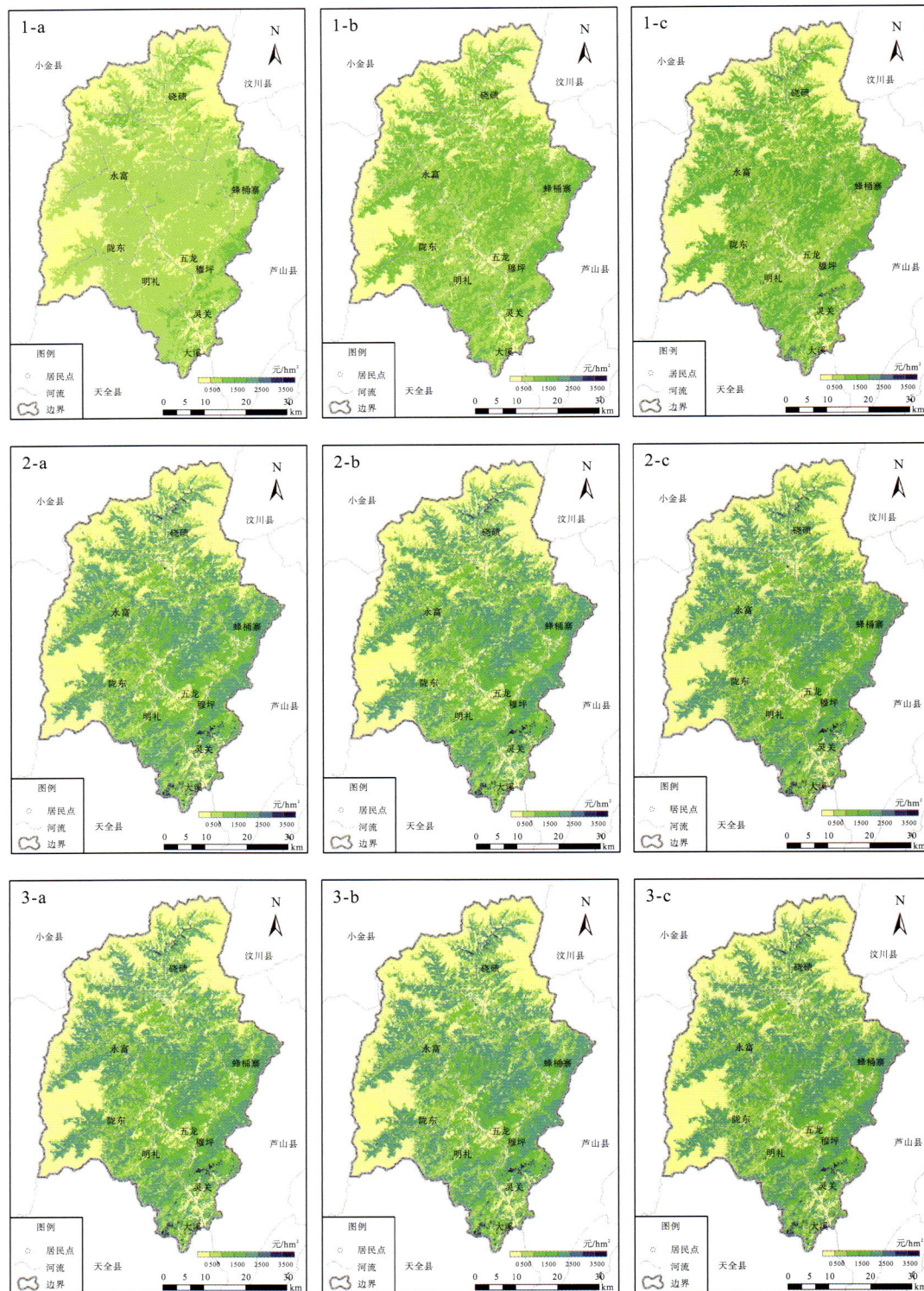

图 5-7　碳吸收服务补偿标准空间分布

注：图中数字表示不同成本；字母 a，b，c 分别表示低、中、高三种标准；余同。

不同补偿方案下，碳吸收服务的补偿标准在 227.58～725.30 元/hm²，最高标准是最低标准的 3.2 倍(表 5-3)。相对水源涵养与土壤保持服务的补偿标准，碳吸收的补偿标准选择范围更小。其中方案 1 补偿标准最低，其高标准平均值为 601.88 元/hm²，标准差为 553.86 元/hm²，低标准平均值 227.58 元/hm²，标准差为 197.92 元/hm²。方案 3 补偿标准最高，其高标准平均值为 725.30 元/hm²，标准差为 676.72 元/hm²，低标准平均值 721.24 元/hm²，标准差为 675.77 元/hm²。

**表 5-3　碳吸收补偿标准**　　　　　　　　　　　(单位：元/hm²)

| 方案 | 价值 | 成本 | 低标准(2∶8) | 中等标准(5∶5) | 高标准(8∶2) |
|---|---|---|---|---|---|
| 1 | 726.32(678.02) | 118.62(121.47) | 227.58(197.92) | 414.73(370.27) | 601.88(553.86) |
| 2 | 726.32(678.02) | 5450.52(2531.88) | 720.51(675.20) | 722.81(675.26) | 725.12(676.52) |
| 3 | 726.32(678.02) | 5569.14(2560.65) | 721.24(675.77) | 723.27(675.69) | 725.30(676.72) |

## 5.1.4　生物多样性

生物多样性补偿标准有 9 种组合，其中生物多样性价值只有 1 种，补偿成本有 3 种，即保护成本、机会成本、保护成本＋机会成本。1 种价值和 3 种成本组合分别按 8∶2、5∶5 和 2∶8 的比例关系进行叠加，得到 9 种生物多样性补偿标准图(图 5-8)。

不同补偿方案下，生物多样性服务的补偿标准在 2007.49～8266.88 元/hm²，最高标准是最低标准的 4.1 倍(表 5-4)。生物多样性服务的补偿标准选择范围更小，但是在具体每种方案中，地块间的补偿标准有较大的差异，标准差均超过了平均值。其中，方案 1 补偿标准最低，其高标准平均值为 7891.08 元/hm²，标准差为 11880.20 元/hm²，低标准平均值 2007.49 元/hm²，标准差为 3022.71 元/hm²。方案 3 补偿标准最高，其高标准平均值为 8266.88 元/hm²，标准差为 12445.60 元/hm²，低标准平均值 3510.43 元/hm²，标准差为 5336.51 元/hm²。

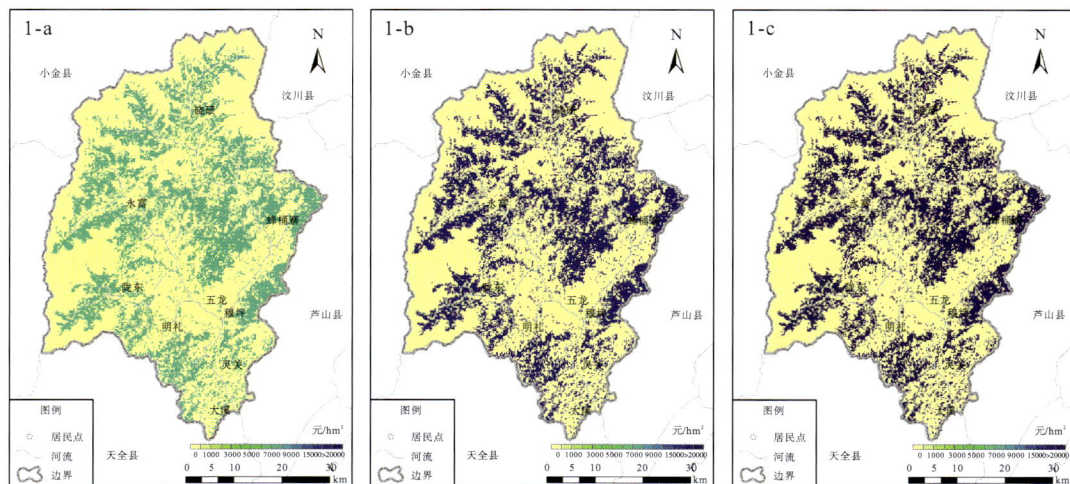

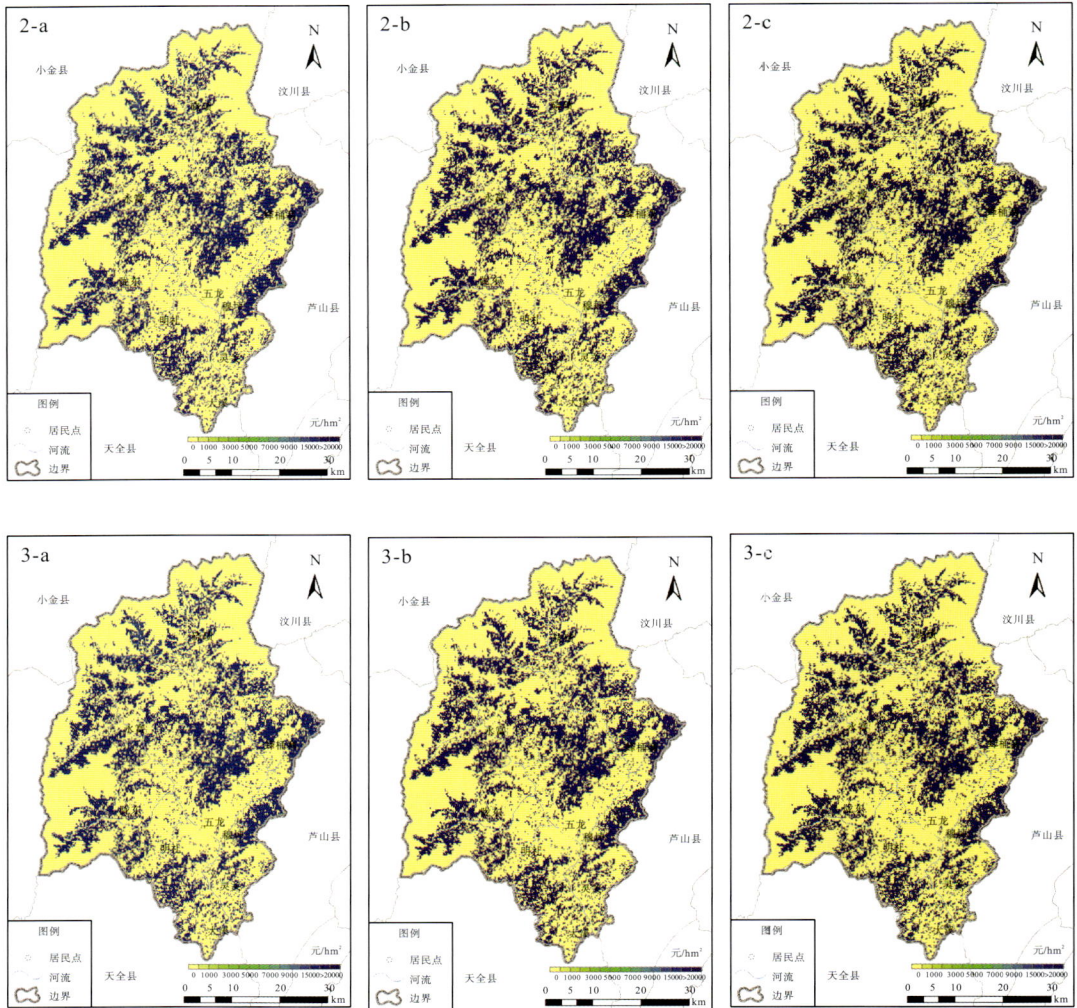

图 5-8   生物多样性补偿标准空间分布

**表 5-4   生物多样性补偿标准**                                    （单位：元/hm²）

| 方案 | 价值 | 成本 | 低标准(2:8) | 中等标准(5:5) | 高标准(8:2) |
|---|---|---|---|---|---|
| 1 | 9899.81(14833.14) | 118.62(121.47) | 2007.49(3022.71) | 4949.28(7451.29) | 7891.08(11880.20) |
| 2 | 9899.81(14833.14) | 5450.52(2531.88) | 3473.40(5280.92) | 5865.51(8839.68) | 8257.63(12461.67) |
| 3 | 9899.81(14833.14) | 5569.14(2560.65) | 3510.43(5336.51) | 5888.66(8874.55) | 8266.88(12445.60) |

## 5.1.5   综合补偿标准

从提高生态补偿的针对性看，可以针对单项服务确定相应的补偿标准。但是在一些情况下，各种服务间的成本和价值可能难以区分，因此流域综合保护的补偿也较为普遍。综合补偿标准把水源涵养、土壤保持、碳吸收和生物多样性保护综合考虑，为便于实施，仅考虑了两种情况，即高价值和低价值，成本不变（图 5-9）。

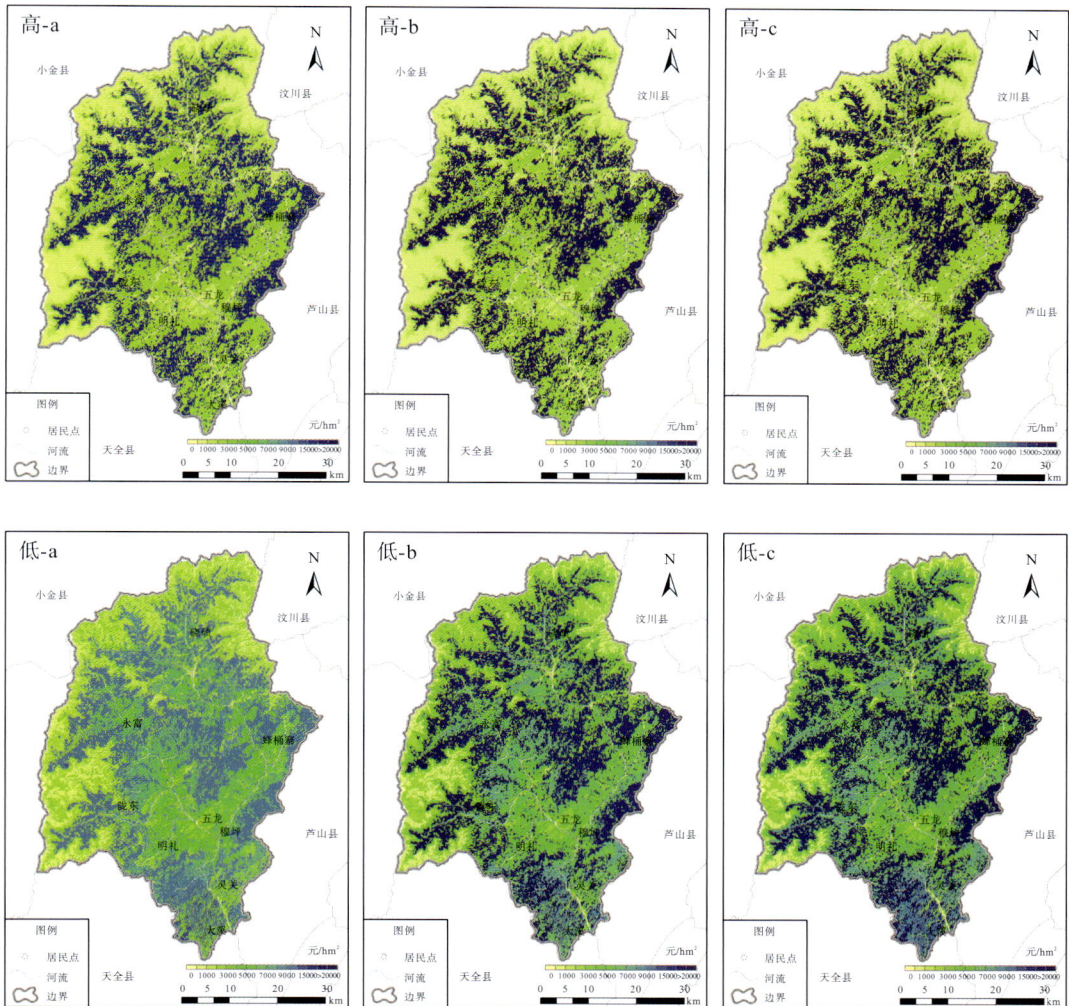

图 5-9 综合补偿标准空间分布

在高价值情景下，综合补偿标准高标准平均值为 12498.55 元/hm²，标准差为 12578.67 元/hm²，低标准平均值 4624.04 元/hm²，标准差为 3048.04 元/hm²。低价值情景下，高标准平均值为 9539.77 元/hm²，标准差为 12772.13 元/hm²，低标准平均值 4386.54 元/hm²，标准差为 5155.94 元/hm²（表 5-5）。

表 5-5 综合补偿标准 （单位：元/hm²）

| | 价值 | 成本 | 低标准（2∶8） | 中等标准（5∶5） | 高标准（8∶2） |
|---|---|---|---|---|---|
| 高 | 15059.11(15926.48) | 5975.68(3615.48) | 4624.04(3048.04) | 8561.30(7615.77) | 12498.55(12578.67) |
| 低 | 11206.72(15341.28) | 5975.68(3615.48) | 4386.54(5155.94) | 6963.15(8934.49) | 9539.77(12772.13) |

# 5.2 按生态系统类型的补偿标准

## 5.2.1 森林

宝兴县共有林地面积 2265.78km$^2$。其中，国有林面积最大，为 1467.13km$^2$，占 64.75%；其次为集体林，面积 710.90km$^2$，占 31.38%；个人林面积最小，为 87.75km$^2$，仅占全县林地的 3.87%，人均林地面积为 0.15hm$^2$。国有林主要分布在县域 较为偏远的中高山区，个人林主要分布在河谷附近人口相对集中地区，集体林位于二者 之间(图 5-10)。

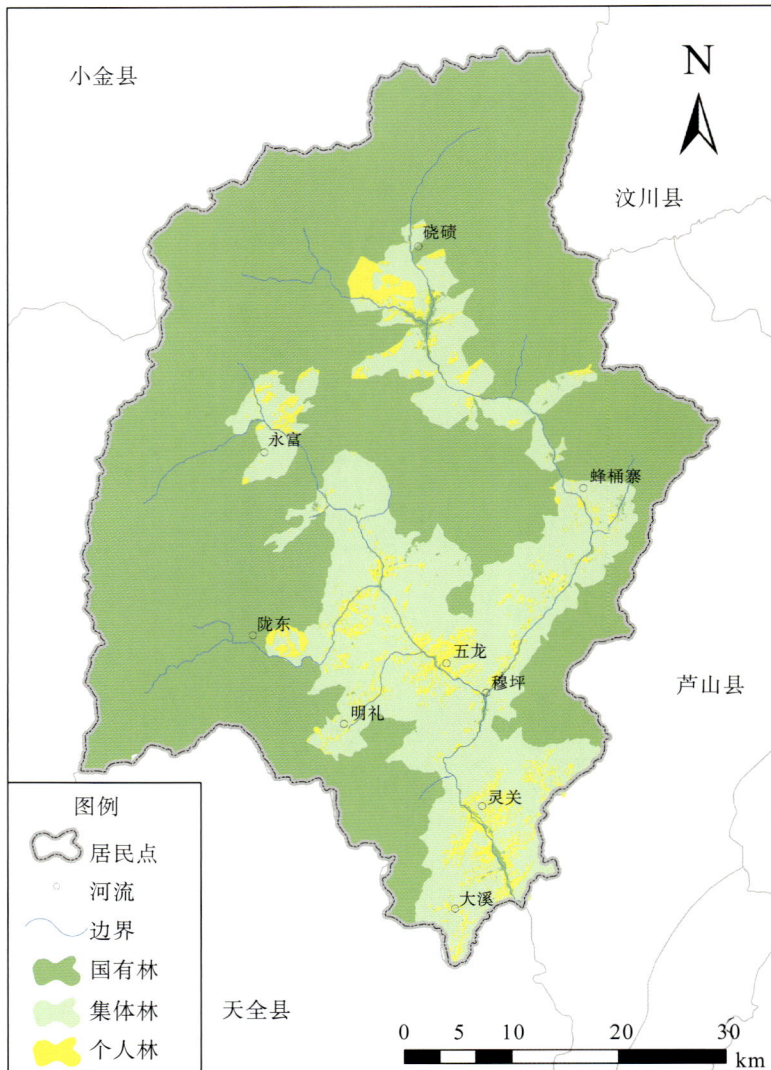

图 5-10 宝兴县林地权属

　　由于价值和成本的组合有多种，为便于分析，仅列出最高与最低两种价值组合。其中，水源涵养和土壤保持都有两种组合，碳吸收与生物多样性仅一种。得到最高和最低两种综合价值。综合价值最高 22557.00 元/hm²，最低为 7121.93 元/hm²，二者相差2.16 倍。不同权属的林地综合价值有较大差别，其中国有林＞集体林＞个人林，主要差异体现在生物多样性价值上，国有林为 16183.00 元/hm²，超出集体林 7609.86 元/hm²的 112%。超出个人林 5680.15 元/hm² 的 184%。按综合价值计算，单位面积森林生态服务价值在 14758.50～19244.60 元/hm²，总服务价值为 33.44 亿～43.60 亿元(表 5-6)。

**表 5-6　森林生态服务价值**　　　　　　　　　　　　　　（单位：元/hm²）

| 森林权属 | 水源涵养低价值 | 水源涵养高价值 | 土壤保持低价值 | 土壤保持高价值 | 碳吸收价值 | 生物多样性价值 | 低综合价值 | 高综合价值 |
|---|---|---|---|---|---|---|---|---|
| 国有林 | 566.02 | 4679.10 | 131.28 | 626.98 | 1065.35 | 16183.00 | 17947.70 | 22557.00 |
| 集体林 | 521.80 | 4313.55 | 123.74 | 591.10 | 889.91 | 7609.86 | 9147.44 | 13408.20 |
| 个人林 | 519.63 | 4295.59 | 127.90 | 610.96 | 794.12 | 5680.15 | 7121.93 | 11381.00 |
| 全部林地 | 549.36 | 4541.38 | 128.76 | 615.00 | 998.69 | 13059.00 | 14758.50 | 19244.60 |

　　从成本构成看，森林的补偿总成本超过 6000 元/hm²。其中，国有林最低，为6139.92 元/hm²；集体林略高，为 7255.61 元/hm²；最高是个人林，总成本为7966.54 元/hm²。主要差异来自环境成本。个人林的环境成本平均为 832.12 元/hm²，分别是集体林和国有林的 5.4 倍和 29.6 倍。全县林地的综合成本为 6550.38 元/hm²，全县森林全部综合成本为 14.84 亿元(表 5-7)。

**表 5-7　森林补偿成本**

| 森林 | 面积/km² | 面积比例/% | 保护成本/(元/hm²) | 环境成本/(元/hm²) | 机会成本/(元/hm²) | 综合成本/(元/hm²) |
|---|---|---|---|---|---|---|
| 国有林 | 1467.13 | 64.75 | 168.52 | 28.10 | 5942.47 | 6139.92 |
| 个人林 | 87.75 | 3.87 | 122.64 | 832.12 | 7011.26 | 7966.54 |
| 集体林 | 710.90 | 31.38 | 127.94 | 152.88 | 6973.60 | 7255.61 |
| 全部林地 | 2265.78 | 100 | 153.63 | 98.51 | 6295.57 | 6550.38 |

　　针对高低两种综合价值，按价值与成本的组合关系，提出森林的补偿标准，补偿标准平均值在 3400.56～18412.00 元/hm²，最高与最低相差 4.41 倍(表 5-8)。国有林的补偿标准最高，其高标准平均值为 18412.00 元/hm²，标准差为 12996.00 元/hm²，低标准平均值 5974.03 元/hm²，标准差为 2750.48 元/hm²。其次为集体林，其高标准平均值为11429.30 元/hm²，标准差为 10951.80 元/hm²，低标准平均值 4042.57 元/hm²，标准差为 4831.66 元/hm²。个人林补偿标准最低，其高标准平均值为 9765.74 元/hm²，标准差为 9894.72 元/hm²，低标准平均值 3400.56 元/hm²，标准差为 4509.75 元/hm²。

表 5-8　森林补偿标准　　　　　　　　（单位：元/hm²）

| 森林权属 | 组合 | 高标准 | 中标准 | 低标准 |
|---|---|---|---|---|
| 国有林 | 高综合价值 | 18412.00(12996.00) | 12193.00(7698.20) | 5974.03(2750.48) |
| | 低综合价值 | 15119.60(13672.30) | 10876.70(9462.00) | 6633.76(5300.37) |
| 集体林 | 高综合价值 | 11429.30(10951.80) | 7341.43(5844.31) | 5490.98(2163.16) |
| | 低综合价值 | 7871.26(11606.70) | 4796.28(7341.33) | 4042.57(4831.66) |
| 个人林 | 高综合价值 | 9765.74(9894.72) | 8460.14(6317.21) | 4917.11(2401.71) |
| | 低综合价值 | 6192.00(10273.90) | 5956.92(8198.08) | 3400.56(4509.75) |
| 全部林地 | 高综合价值 | 15879.50(12749.90) | 10830.00(7459.16) | 5780.50(2582.51) |
| | 低综合价值 | 12492.40(13418.50) | 9092.42(9326.46) | 5692.4(5284.83) |

### 5.2.2　草地

　　草地价值计算仅考虑三种服务，即水源涵养、土壤保持与生物多样性保护。其中，水源涵养价值和土壤保持价值分别有三种计算结果，选择最高和最低两种计算综合价值，分别为 6145.52 元/hm² 和 2765.31 元/hm²（表 5-9）。综合价值总量为 1.10 亿～2.44 亿元。

表 5-9　草地价值构成　　　　　　　　（单位：元/hm²）

| 价值 | 水源涵养 | 土壤保持 | 碳吸收 | 生物多样性 | 综合价值 |
|---|---|---|---|---|---|
| 最低 | 405.76 | 179.28 | — | 2177.54 | 2765.31 |
| 最高 | 3354.29 | 608.67 | — | 2177.54 | 6145.52 |

　　草地补偿成本包括保护成本、环境成本和机会成本，三者相加总成本为 2385.18 元/hm²，主要成本来自机会成本，1997.37 元/hm²，占综合成本的 83.7%（表 5-10）。综合成本总量为 0.95 亿元。

表 5-10　草地成本构成　　　　　　　　（单位：元/hm²）

| 保护成本 | 环境成本 | 机会成本 | 综合成本 |
|---|---|---|---|
| 47.33 | 340.31 | 1997.37 | 2385.18 |

　　草地补偿标准也只考虑高综合价值和低综合价值两种情况。在高综合价值下，高补偿标准的平均值为 5043.58 元/hm²，标准差为 6575.72 元/hm²，而低补偿标准的平均值为 1736.96 元/hm²，标准差为 1825.74 元/hm²。在低综合价值下，高补偿标准的平均值为 2362.34 元/hm²，标准差为 6607.44 元/hm²，而低补偿标准的平均值为 1153.05 元/hm²，标准差为 2183.82 元/hm²（表 5-11）。

**表 5-11　草地补偿标准** （单位：元/hm²）

| 草地 | 高标准 | 中标准 | 低标准 |
|---|---|---|---|
| 高综合价值 | 5043.58(6575.72) | 3390.27(4109.31) | 1736.96(1825.74) |
| 低综合价值 | 2362.34(6607.44) | 1757.70(4380.87) | 1153.05(2183.82) |

### 5.2.3　农田

农田生态系统的生态服务只计算水源涵养、土壤保持以及生物多样性。综合价值最高为 4514.41 元/hm²，最低为 2452.42 元/hm²，二者相差 0.84 倍（表 5-12）。综合价值总量为 0.21 亿~0.39 亿元。

**表 5-12　农田生态服务价值构成** （单位：元/hm²）

| 价值 | 水源涵养 | 土壤保持 | 碳吸收 | 生物多样性 | 综合价值 |
|---|---|---|---|---|---|
| 最低 | 232.65 | 265 | — | 1954.68 | 2452.42 |
| 最高 | 1923.24 | 636.34 | — | 1954.68 | 4514.41 |

相比生态价值，耕地的补偿成本更高，补偿成本为 18602.70 元/hm²，总成本为 1.61 亿元。其中，环境成本和机会成本占绝对优势，环境成本 9738.75 元/hm²，略高于机会成本 8837.59 元/hm²，二者占总成本的 99.9%（表 5-13）。

**表 5-13　耕地补偿成本构成** （单位：元/hm²）

| 保护成本 | 环境成本 | 机会成本 | 总成本 |
|---|---|---|---|
| 25.88 | 9738.75 | 8837.59 | 18602.70 |

农田生态系统补偿标准也只考虑高综合价值和低综合价值两种情况。在高综合价值下，高补偿标准的平均值为 4081.14 元/hm²，标准差为 6341.87 元/hm²，而低补偿标准的平均值为 2780.67 元/hm²，标准差为 2379.40 元/hm²。在低综合价值下，高补偿标准的平均值为 2300.10 元/hm²，标准差为 6777.82 元/hm²，而低补偿标准的平均值为 1842.76 元/hm²，标准差为 5061.31 元/hm²（表 5-14）。

**表 5-14　耕地补偿标准** （单位：元/hm²）

| 耕地 | 高标准 | 中标准 | 低标准 |
|---|---|---|---|
| 高综合价值 | 4081.14(6341.87) | 3430.90(4172.24) | 2780.67(2379.40) |
| 低综合价值 | 2300.10(6777.82) | 2071.43(5880.74) | 1842.76(5061.31) |

## 5.3　按保护地类型的补偿标准

### 5.3.1　世界遗产地

宝兴县是四川省大熊猫世界遗产地的重要组成部分，整个县域都属于世界遗产地及其外围保护区。其中，外围保护区面积 54984hm²，占全县面积的 17.66%；保护区面积 62512hm²，占 20.08%；核心区面积最大，为 193779hm²，占 62.25%（表 5-15）。

**表 5-15　宝兴大熊猫世界遗产地分区**

| 范围 | 面积/hm² | 比例/% |
|------|---------|--------|
| 外围区 | 54984 | 17.66 |
| 保护区 | 62512 | 20.08 |
| 核心区 | 193779 | 62.25 |
| 全部 | 311275 | 100.00 |

保护区域核心区生态价值相差不大，对于高综合价值计算方案，保护区平均生态价值为 16711.80 元/hm²，略高于核心区的 15666.20 元/hm²，相差 6.67%，在低综合价值计算方案下，相差更小，仅为 4.4%（表 5-16）。

**表 5-16　宝兴大熊猫世界遗产地生态价值**　　　　　　　　　　（单位：元/hm²）

| 保护区 | 外围保护区 | 保护区 | 核心区 | 全部 |
|--------|-----------|--------|--------|------|
| 水源涵养低价值 | 512.16 | 506.95 | 443.94 | 468.64 |
| 水源涵养高价值 | 4233.85 | 4190.81 | 3669.94 | 3874.13 |
| 土壤保持低价值 | 132.72 | 141 | 122.5 | 128.06 |
| 土壤保持高价值 | 558.3 | 648.25 | 535.5 | 562.37 |
| 碳吸收 | 752.29 | 902.7 | 662.56 | 726.65 |
| 生物多样性 | 5842.35 | 10960.5 | 10632.4 | 9853.08 |
| 低综合价值 | 7251.99 | 12518.8 | 11991.3 | 11256.95 |
| 高综合价值 | 11409.2 | 16711.8 | 15666.2 | 15122.23 |

补偿成本上，不同区域有较为明显的差异，外围保护区成本最高，达到 8892.73 元/hm²；保护区为 7286.84 元/hm²；核心区最小，为 4729.20 元/hm²。总成本差异的主要来源是环境成本和机会成本，二者在外围保护区都很高，特别是环境成本，外围保护区是保护区和核心区的 4.5 倍和 14.5 倍。机会成本的差异没有环境成本高，但是由于绝对值大，造成了保护区的总成本高于核心区的总成本（表 5-17）。

**表 5-17　世界遗产地补偿成本**　　　　　　　　　（单位：元/hm²）

| 保护区 | 保护成本 | 环境成本 | 机会成本 | 综合成本 |
|---|---|---|---|---|
| 外围保护区 | 149.88 | 1536.23 | 7201.67 | 8892.73 |
| 保护区 | 107.61 | 344.11 | 6833.76 | 7286.84 |
| 核心区 | 113.38 | 106.24 | 4507.28 | 4729.20 |
| 全部 | 118.67 | 406.54 | 5450.52 | 5978.35 |

针对高低两种综合价值，按价值与成本的组合关系，提出遗产地的补偿标准，补偿标准在 3470.24~13936.70 元/hm²，最高标准是最低标准的 4.02 倍。核心区的补偿标准最高，其高标准平均值为 12805.40 元/hm²，标准差为 13062.60 元/hm²，低标准平均值 4219.50 元/hm²，标准差为 3236.37 元/hm²。其次为保护区，其高标准平均值为 13936.70 元/hm²，标准差为 12464.00 元/hm²，低标准平均值 5075.42 元/hm²，标准差为 5336.96 元/hm²。外围保护区补偿标准最低，其高标准平均值为 9785.88 元/hm²，标准差为 10396.20 元/hm²，低标准平均值 3470.24 元/hm²，标准差为 4797.51 元/hm²（表 5-18）。

**表 5-18　世界遗产地生态补偿标准**　　　　　　　　（单位：元/hm²）

| 世界遗产地 | 组合 | 高标准 | 中标准 | 低标准 |
|---|---|---|---|---|
| 核心区 | 高综合价值 | 12805.40(13062.60) | 8512.47(8021.52) | 4219.50(3236.37) |
| | 低综合价值 | 10100.10(13105.10) | 7262.00(9109.70) | 4423.92(5156.37) |
| 保护区 | 高综合价值 | 13936.70(12464.00) | 9773.71(7276.65) | 5610.69(2520.17) |
| | 低综合价值 | 10657.80(13013.20) | 7866.59(9149.51) | 5075.42(5336.96) |
| 外围保护区 | 高综合价值 | 9785.88(10396.20) | 7349.28(6199.25) | 4912.68(2596.28) |
| | 低综合价值 | 6306.49(10627.70) | 4888.37(7667.66) | 3470.24(4797.51) |
| 全部 | 高综合价值 | 12498.55(12578.67) | 8561.30(7615.77) | 4624.04(3048.04) |
| | 低综合价值 | 9539.77(12772.13) | 6963.15(8934.49) | 4386.54(5155.94) |

## 5.3.2　自然保护区

蜂桶寨自然保护区面积为 39039hm²，综合价值在 17876.92~23672.20 元/hm²，总价值为 3.08 亿~9.24 亿元（表 5-19）。

---

表 5-19　蜂桶寨自然保护区生态服务价值构成　　　（单位：元/hm²）

| 蜂桶寨 | 水源涵养低价值 | 水源涵养高价值 | 土壤保持低价值 | 土壤保持高价值 | 碳吸收 | 生物多样性 | 低综合价值 | 高综合价值 |
|---|---|---|---|---|---|---|---|---|
| 核心区 | 462.16 | 3820.54 | 146.82 | 677.97 | 1064.81 | 17884.90 | 19748.60 | 23672.20 |
| 缓冲区 | 596.64 | 4932.22 | 120.93 | 575.40 | 837.61 | 6153.01 | 7876.92 | 12758.30 |
| 试验区 | 357.28 | 2953.50 | 128.61 | 564.49 | 684.81 | 10299.90 | 11521.60 | 14563.40 |
| 全部 | 448.39 | 3706.68 | 140.94 | 645.45 | 964.42 | 15372.20 | 17081.80 | 20874.90 |

保护区综合成本 5709.71 元/hm²，总成本为 2.23 亿元。其中，单位面积机会成本最高，占单位面积综合成本的 96.04%（表 5-20）。

表 5-20　蜂桶寨自然保护区补偿成本

| 蜂桶寨 | 面积/km² | 面积比例/% | 保护成本/(元/hm²) | 环境成本/(元/hm²) | 机会成本/(元/hm²) | 综合成本/(元/hm²) |
|---|---|---|---|---|---|---|
| 核心区 | 279.55 | 70.74 | 226.95 | 6.74 | 5537.46 | 5779.49 |
| 缓冲区 | 27.93 | 7.07 | 301.98 | 24.21 | 6754.86 | 7085.85 |
| 试验区 | 87.70 | 22.19 | 134.07 | 6.82 | 4907.63 | 5049.54 |
| 全部 | 395.17 | 100.00 | 211.64 | 7.99 | 5483.72 | 5709.71 |

保护区补偿标准为 3573.98~19283.80 元/hm²。蜂桶寨自然保护区高综合价值的高、中、低三种标准分别为低综合价值标准的 118.66%、109.85% 和 89.68%。（表 5-21）。

表 5-21　自然保护区生态补偿标准　　　（单位：元/hm²）

| 自然保护区 | 组合 | 高标准 | 中标准 | 低标准 |
|---|---|---|---|---|
| 核心区 | 高综合价值 | 19283.80(13067.60) | 12698.50(7724.37) | 6113.23(2640.07) |
| | 低综合价值 | 16598.30(13673.50) | 11871.50(9503.18) | 7144.70(5392.67) |
| 缓冲区 | 高综合价值 | 10912.30(10164.10) | 8141.52(5951.32) | 5370.77(2515.04) |
| | 低综合价值 | 6801.20(10886.40) | 5187.59(7649.75) | 3573.98(4440.52) |
| 试验区 | 高综合价值 | 11965.70(12667.40) | 8069.96(7735.92) | 4174.23(3063.73) |
| | 低综合价值 | 9733.52(13002.50) | 7052.24(9117.86) | 4370.96(5276.90) |
| 全部 | 高综合价值 | 17063.80(13255.00) | 11345.80(7901.01) | 5627.78(2847.71) |
| | 低综合价值 | 14380.50(13802.20) | 10328.00(9613.31) | 6275.58(5477.79) |

## 5.3.3　饮用水水源地

水源地保护区比较特殊，其自身的产生的服务不重要，重要的是能够保护上游来的水不受污染，所以补偿标准重点关注成本，按全县的水源地保护规划，饮用水水源地补偿标准如图 5-11，补偿标准均为 484.50 元/hm²。

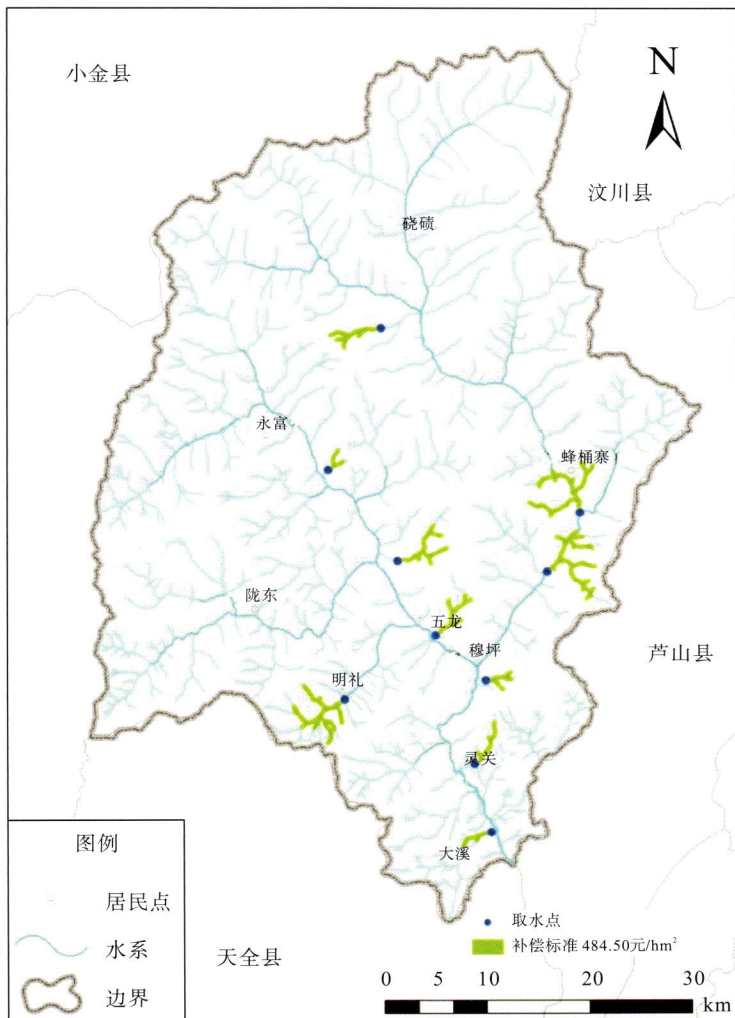

图 5-11 水源地补偿标准空间分布

# 第 6 章　生态补偿意愿

本章利用农户问卷对宝兴县农户的受偿意愿进行了分析，得到农户对不同类型土地期望的补偿标准。然后利用政府部门调查结果，对支付意愿进行了分析。最后利用统计资料，分析了生态补偿受益方的支付能力。

意愿调查法又称条件价值评估法(Contingent valuation method，CVM)，是一种通过调查评估非市场物品和服务价值的方法，利用调查问卷直接引导相关物品或服务的价值，所得到的价值依赖于构建假想市场和调查方案所描述的物品或服务的性质[176,177]。CVM利用效用最大化原理，通过构建假想市场评估人们对非市场物品的支付意愿[178,179]。CVM最早在1947年由哈佛大学经济学院的博士生Criacy-Wantru在其博士论文中提出，其主要优点表现在相对于旅游成本法、享乐定价法和机会成本法等方法，意愿调查法把经济学理论和经济计量学、现代统计分析工具有机地结合在一起，顺应了当代经济学的发展潮流，同时充分尊重了受偿主体的个人意愿和其进行讨价还价的权利[180,181]。意愿调查法已经在各领域应用，成为评估资源生态价值应用最广泛、最成熟的方法之一。自Davis运用CVM研究缅因州林地宿营及狩猎娱乐价值以后[182]，该方法广泛应用于水质和空气质量改善、自然保护区保护、生态系统服务功能恢复等所产生的经济价值中[183-185]，并且评估案例也由早期支付意愿调查为主向支付意愿和受偿意愿对比调查转变。Claassen等[186]介绍了美国耕地保护计划如何用CVM评估农场主受偿意愿，据此制定合理的受偿标，提高生态补偿的实施效益；Saz-Salazar等[187]在欧盟水框架协定出台背景下，对比不同利益相关方的受偿意愿和支付意愿，计算出恢复流域水质的社会经济效益；Ebert[188]从边际意愿角度分析了受偿意愿和支付意愿在生态环境物品评估中的精确度；Loomis等[189]在Platte河流域范围设计调查问卷，运用统计模型并对调查结果计算，得出流域居民的支付意愿；Greenley等[190]运用CVM方法在South Platte河流域对200名居民就减少重金属污染而额外支付较高的水费进行了个人支付意愿调查，结果表明每户愿意每月支付4.5美元；彭晓春等[191]以东江流域为例，通过实地问卷调查和CVM评估流域上下游利益相关方生态补偿意愿，结果表明，流域内居民对东江流域生态环境保护有很高的积极性，下游地区城市居民平均支付意愿为332.7~364.5元/(年·户)，上游农民对于林地保护的平均受偿意愿为360.75元/(hm² · a)；冯庆等[192]以北京市密云水库为例，采用CVM考察了地表水饮用水源保护区农村公众改善生活环境愿望的强烈程度及环境偏好，调查表明，77.7%的农户愿意为改善村镇卫生环境、保护饮用水源支付一定的金额，农户的平均支付意愿是16.10元/(年·户)；乔旭宁等[193]通过CVM调查了渭干河流域居民为改善区域生态系统服务平均支付意愿为96.22元/(年·户)，该结果与国外及国内东部地区流域的研究成果相比偏低，与国内西北地区流域的研究结果接近。CVM 方法的有效性已经得到了众多学者的肯定，美国联邦机构将其推荐作为成本收益分析及评价自然资源损害估值方法，美国内政部将 CVM 推荐为测量自然资源和环境存在价值和遗产价值的基本方法。在某些情况下，也存在诸如对存在价值和遗赠价值高估等缺陷，但可以通过改善调查方法和问卷格式逐渐解决[194,195]。

## 6.1　受偿意愿

意愿调查法把生态补偿利益相关方的收入、直接成本和预期等因素相整合，能够真实反映受偿者和补偿者的意愿，从而有效促进生态补偿机制的实施[196]；同时，该方法符合生态补偿标准确定应因地制宜，尊重利益主体的意愿及支付能力，注重利益相关方协商及博弈的需要，有优越的适宜性[197]，根据意愿调查获得的数据能够得出生态系统服务提供者自主提供优质生态系统服务的成本，是比较合理的生态补偿标准制定方法，其应用范围很广。但意愿调查法也存在不足，因利益相关者对调查的理解情况不同，同时，被调查者可能会朝自己有利的方向阐释意愿，使得调查得出的结论可能会与真正的意愿不相符合[196]。

2014 年 10 月项目组在宝兴县进行了为期 7 天的农户调查，调查范围覆盖了宝兴县 9 个乡镇，采用多级分层抽样方法，按照村、户两级进行抽样。对于村庄的选择，首先考虑到社会经济、交通等客观因素，通过咨询县、乡镇、村干部及相关人员，主要按照经济发展水平、地理条件两个标准，并考虑生计策略（农业生产、打工和非农经营）等因素的差异性，在每个乡镇中选取 2 个村。最后，对所选的村采用随机抽样方法，抽取村中的农户。共选择了 160 户农户进行入户调查，每户调查时间为 2～3h。回收问卷 160 份，回收率为 100％。对回收的问卷进行查错和校验，排除有严重逻辑错误（回答前后矛盾）和漏答错答之后，还剩有效问卷 153 份（153 户农户，共涉及 693 人），问卷有效率为 95.6％。由于宝兴县地广人稀（人口密度为 18.97 人/km²），农户居住分散，入户访谈难度较大，调查样本从数量上看相对较少，但宝兴县 2014 年全县总户数为 21784 户，调查样本量占全县总户数的 0.70％。此外，近年来宝兴县发展"一乡一品、多村一业"的特色产业体系使得每个乡镇的农户生产生活具有较高的相似性，而本次调查覆盖全部乡镇，因此能较好地反应宝兴县农户的普遍情况。在 153 份有效问卷中，有 133 户参与了退耕还林、退耕还草和公益林建设等生态补偿项目，20 户未参加任何生态补偿。从家庭收入看，调查农户有 44.4％年收入在 4 万以上，也有 8.5％的贫困人口，家庭年收入在 1 万元以下（表 6-1）。

表 6-1　农户家庭收入统计

| 收入 | 户数/户 | 比例/％ |
| --- | --- | --- |
| 1 万元以下 | 13 | 8.5 |
| 1～2 万 | 22 | 14.4 |

| 收入 | 户数/户 | 比例/% |
|---|---|---|
| 2~3 万 | 24 | 15.7 |
| 3~4 万 | 26 | 17.0 |
| 4 万以上 | 68 | 44.4 |

农户对生态补偿比较了解，多数农户都参加了不同类型的生态补偿项目。其中参加退耕还林的农户有 129 户，他们对生态补偿项目的满意度较高，整体满意度为 91.47%（表 6-2）。具体看，对于补偿款的按时发放，所有农户都表示能按时收到。对于补偿期限 55.81% 的农户认为合理，对于补偿标准 13.95% 的农户认为补偿标准偏低与期望值相差很大，61.24% 的农户认为虽然补偿标准偏低但可以接受，24.81% 的农户认为补偿标准相对合理。

表 6-2　生态补偿项目满意度

| 对所参加的生态补偿项目整体情况是否满意? | 户数/户 | 比例/% |
|---|---|---|
| 满意 | 118 | 91.47 |
| 不满意 | 11 | 8.53 |
| 每年能否按时拿到补偿款或相应的物资 | 户数/户 | 比例/% |
| 是 | 129 | 100 |
| 否 | 0 | 0 |
| 你认为补偿年限是否合理 | 户数/户 | 比例/% |
| 合理 | 72 | 55.81 |
| 不合理 | 57 | 41.09 |
| 你认为目前生态补偿项目的补贴如何 | 户数/户 | 比例/% |
| 偏低与期望值相差很大 | 18 | 13.95 |
| 偏低但是可以接受 | 79 | 61.24 |
| 相对合理 | 32 | 24.81 |

宝兴农户接受补偿的意愿较高(表 6-3)。主要集中在耕地和林地，林地有受偿意愿的共 83 户，占调查农户数量的 54.2%；耕地有受偿意愿的农户共 129 户，占调查农户数量的 84.3%；而草地受偿意愿较低，仅为 13.1%，这可能与受调查农户多数没有草地进行放牧有关。调查还发现农户对补偿标准认识较为模糊，不清楚该如何估计希望得到的补偿。受偿标准主要由机会成本确定。由于耕地的收入比较清楚，所以期望的补偿标准也能够较为明确地提出，并且基本与收益一致，但林地和草地的收入不确定性较大，所以农户往往不清楚合理的补偿标准。而根据生态服务价值和成本计算的森林、草地和耕地的生态补偿最高标准分别是 9765.74 元/hm²、5043.58 元/hm² 和 4081.14 元/hm²（表 5-8、表 5-11、表 5-14）。农户受偿意愿偏高，分别为 23%、23% 和 74%。

**表 6-3 农户受偿意愿调查结果**

| 受偿意愿 | 有意愿户数/户 | 无意愿户数/户 | 最大值/(元/hm²) | 最小值/(元/hm²) | 平均值/(元/hm²) |
|---|---|---|---|---|---|
| 林地 | 83 | 70 | 132000 | 225 | 11980.5 |
| 草地 | 20 | 133 | 22500 | 450 | 6202.5 |
| 耕地 | 129 | 24 | 45000 | 1125 | 7081.5 |

参与退耕还林与未参与退耕还林的农户在补偿意愿上存在显著差异，对于耕地的补偿标准，非退耕农户期望标准为 11880 元/hm²，高于退耕农户 6495 元/hm² 标准约 82.9%，而林地补偿标准更是超过退耕农户的 184.84%，草地补偿标准低于退耕农户，主要是回答草地补偿问卷的非退耕农户较少，结果有一定随机性。总体上，退耕农户对补偿标准的期望较为实际与合理。

**表 6-4 退耕农户与非退耕农户对补偿标准的差异** （单位：元/hm²）

| 补偿标准 | 耕地 | 林地 | 草地 |
|---|---|---|---|
| 退耕农户 | 6495 | 9795 | 6450 |
| 非退耕农户 | 11880 | 27900 | 3975 |

对 153 户农户的调查表明，在现金补偿、政策补偿、物质补偿和技术补偿中，绝大多数农户选择现金补偿，占调查农户总数的 80.39%；其次为政策补偿和物质补偿，均占 8.65%；最低的是技术补偿，占 1.92%（表 6-5）。在现金补偿政策补偿和物质补偿方面，男性和女性没有显著区别，而在技术方面低于女性 2 个百分点。

**表 6-5 农户对于补偿方式的意愿**

| 补偿方式 | 男性 | 比例/% | 女性 | 比例/% | 全部 | 比例/% |
|---|---|---|---|---|---|---|
| 现金 | 84 | 80.77 | 39 | 79.59 | 123 | 80.39 |
| 政策 | 9 | 8.65 | 4 | 8.16 | 13 | 8.50 |
| 物质 | 9 | 8.65 | 4 | 8.16 | 13 | 8.50 |
| 技术 | 2 | 1.92 | 2 | 4.08 | 4 | 2.61 |
| 合计 | 104 | 100.00 | 49 | 100.00 | 153 | 100.00 |

# 6.2 支付意愿

由于时间关系，本书仅对宝兴当地的村干部和政府工作人员进行了支付意愿调查。结果见表 6-6，其中村干部共调查 32 人，对于是否愿意进行补偿，17 人选愿意，14 人选不愿意，1 人未选，在不愿意的干部中，主要理由工资低，无力承担，其次认为生态补偿应由政府承担，个人不需要进行补偿。政府工作人员调查 16 名，15 名同意进行补偿，多数人赞成每月 10 元的补偿标准，即每年 120 元，加权计算得到支付标准为每人每年 488 元。

**表 6-6  政府工作人员支付意愿**

| 补偿金额/(元/月) | 10 | 20 | 30 | 40 | 50 | 100 | 150 | 200 |
|---|---|---|---|---|---|---|---|---|
| 同意人数/人 | 7 | 3 | 1 | 0 | 1 | 2 | 0 | 1 |

# 6.3  支付能力

雅安市雨城区、洪雅县都依赖宝兴的水源涵养等服务，四川省有乐山市需要利用宝兴的水源涵养服务，全省和全国需要宝兴的碳吸收服务和生物多样性服务。以 GDP、人均收入、财政收入等统计指标为主，从全国、省、市、县不同尺度分析支付能力。宝兴县 GDP 较高，超出了雅安市和四川省的平均水平（表 6-7），农民人均纯收入也高于雅安市和四川省平均水平。但是城镇居民收入低于全市、全省和全国平均水平。人均财政收入远高于全市、全省和全国平均水平，主要原因是宝兴县人口密度很小。

**表 6-7  宝兴与其他地区人均经济指标对比（2010 年）**　　　　　（单位：元）

| 指标 | 宝兴 | 雅安 | 四川省 | 全国 |
|---|---|---|---|---|
| 人均 GDP | 25293.10 | 19011.00 | 21182.00 | 29992.00 |
| 城镇居民收入 | 14063.00 | 14906.00 | 15461.00 | 19109.44 |
| 农民人均纯收入 | 5456.00 | 5180.80 | 5139.50 | 5919.01 |
| 人均财政收入 | 10908.97 | 2947.68 | 1734.94 | 6197.40 |

注：人均财政收入=地方财政一般预算收入/常住人口。

从人均 GDP 看，下游仅乐山市市中区高于宝兴县（表 6-8），主要是宝兴县的石材开采和水电开发对 GDP 有较大的拉升作用，但是这对农户人均纯收入影响不大。与下游相比，宝兴县农民人均纯收入仅高于芦山县，而低于其他四个区县。相比之下，宝兴县城镇居民收入与其他县相差不大。总之，下游的区县支付能力都不强。依靠上下游的补偿可能难以实施。

事实上，宝兴生态服务的主要受益者是国家和水电企业。前者主要是利用生物多样性，后者需要水源涵养和土壤保持服务。因此，对宝兴生态补偿的主体应该以中央政府和水电企业为主。

**表 6-8  宝兴与下游城市人均经济指标对比（2010 年）**

| 区县 | 面积/km² | 人均 GDP/元 | 农民人均纯收入/元 | 城镇居民人均收入/元 |
|---|---|---|---|---|
| 宝兴县 | 3114.00 | 25293.10 | 5456.00 | 14063.00 |
| 芦山县 | 1364.42 | 15000.00 | 4876.00 | 13314.00 |
| 雨城区 | 1066.99 | 23426.93 | 5907.00 | 16269.00 |
| 洪雅县 | 1948.43 | 16515.85 | 5915.00 | 14071.00 |
| 夹江县 | 748.47 | 20552.71 | 6348.00 | 15779.00 |
| 乐山市市中区 | 825.00 | 26838.44 | 6463.00 | 16574.00 |

# 第 7 章　生态补偿优先区

考虑到我国经济社会发展的水平，生态补偿需要分步实施，如何提高补偿效率，使有限的补偿投入发挥最大效益，是亟待解决的问题。本章采用最大熵模型 Maxran 识别补偿优先区[198,199]，分别对水源涵养、土壤保持、碳吸收、生物多样性保护以及流域综合保护的优先区进行说明。

## 7.1　方法

### 7.1.1　总体思路

在 Maxran 中，需要设置保护目标和成本。其中保护目标考虑生态服务供给与需求，保护成本考虑生态保护成本、环境成本和机会成本。保护目标以生态服务功能为标准，分别设置 10%、30%、50% 的保护比例。通过前面的评估研究发现，研究区生态系统服务功能突出，但不同区域，不同类型的生态系统服务功能空间差异明显。在以保护生态系统服务功能为目的实施生态补偿时，由于补偿成本的限制，需对补偿优先区进行识别，重点补偿服务功能较高的区域。

考虑到生态系统可提供不同的服务功能，并且各服务功能均具有保护价值。因此，在识别生态补偿优先区时，先分别对各服务功能的补偿优先区进行识别，再在综合各服务功能价值的基础上，识别综合的补偿优先区。

### 7.1.2　补偿优先区分类

根据生态系统服务功能类型，本书将补偿优先区划分为 5 个主要类型，分别为生物多样性补偿优先区、水源涵养补偿优先区、碳吸收补偿优先区、土壤保持补偿优先区以及生态系统服务综合价值补偿优先区。前 4 个补偿优先区主要关注单一的生态系统服务功能，通过补偿这些生物多样性价值、水源涵养功能、碳吸收功能以及土壤保持功能较高的区域，可以对整个区域单个的生态系统服务功能进行保护。综合价值补偿优先区是指对评估的单个生态系统服务功能进行价值化并进行空间叠加。在此基础上，选取价值高的地区进行优先补偿。在实施补偿过程中，综合价值补偿优先区可认为是最值得首先补偿的区域。

### 7.1.3　优先区识别方法

对于生态补偿优先区的识别，采用保护规划方法，主要使用 Marxan 模型对补偿优先区进行识别[200-202]。在识别单个生态系统服务功能时，将生物多样性价值、水源涵养功能、碳吸收功能以及土壤保持功能均视为保护对象，并设置相应的保护目标。同时，以保护成本作为保护代价，从而识别出生态补偿优先区。

## 7.2　数据与参数

### 7.2.1　数据

生态补偿优先区的识别主要依靠空间化的生态系统水源涵养、碳吸收、土壤保持等服务功能评估数据以及空间化的保护成本数据。根据前面章节的评估结果，可以满足补偿优先区的识别。

### 7.2.2　参数

对于生态系统服务功能的补偿，本书以保护各服务功能总量的 10％、30％和 50％作为保护目标。而对于生物多样性价值以及生态系统补偿综合价值而言，其保护目标为总价值的 10％、30％和 50％。

在识别各类型补偿优先区时，根据 Marxan 模型要求，将保护对象划分到多个规划单元格中，再使用该模型按对补偿优先区的空间分布进行识别。Marxan 模型可提供两类结果，一类是各规划单元格的重要程度；另一类是满足保护目标时，选取的规划单元的最优分布。本书使用最优分布作为识别结果。

## 7.3　生态补偿优先区

根据以上优先区识别方法，对各生态系统服务功能优先区进行识别，下面将对各结果进行详细分析。

### 7.3.1　水源涵养补偿优先区

水源涵养功能的补偿优先区主要分布于宝兴县西部和西北部区域(图 7-1)。随着保护目标由保护功能量的 10％增加到 50％，补偿优先区在空间分布上呈现由中心向周围扩大的趋势。一、二、三级的优先区面积分别为 302km²、856km²、1366km²，占宝兴县总面积的 10％、27％和 44％，对水源涵养功能保护比例达到 11％、31％和 50％。随优先区的面积的增加，其对水源涵养功能的保护程度也随之增加，但对于保护效率而言，从一级优先区到三级优先区单位面积的水源涵养效率并无明显变化。

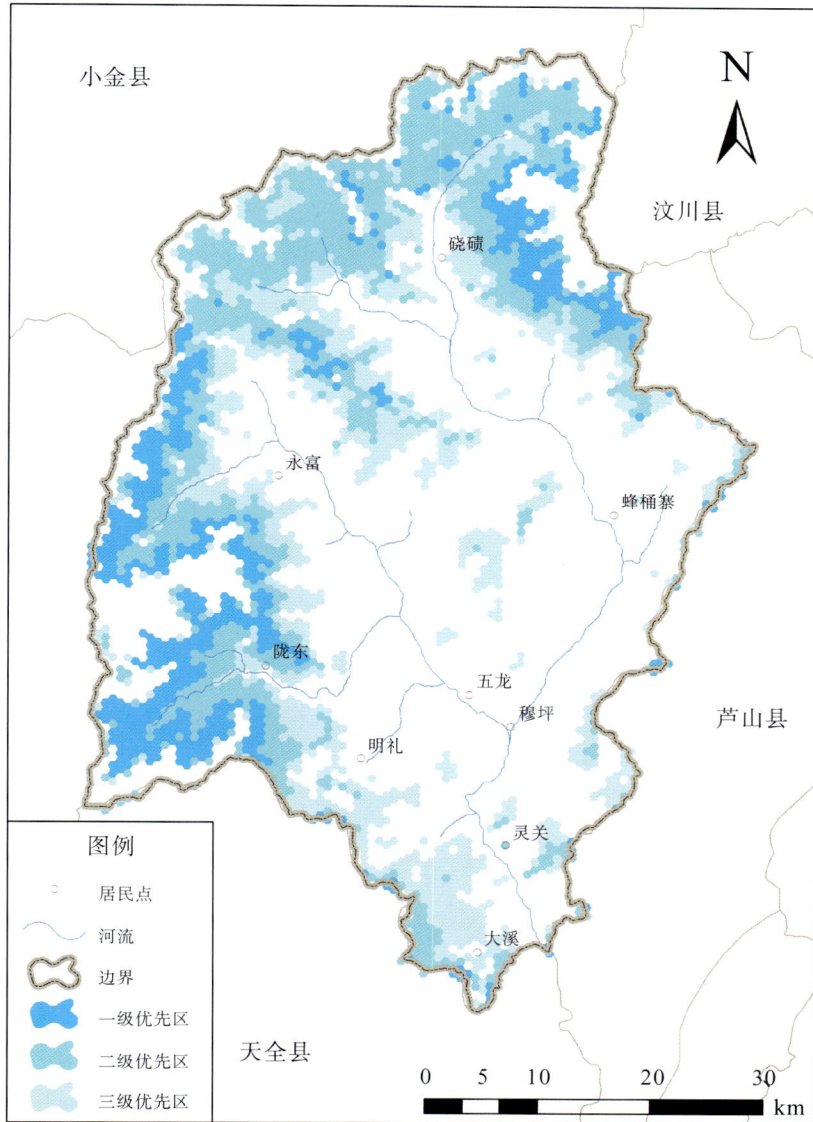

图 7-1　水源涵养功能补偿优先区

## 7.3.2　碳吸收功能补偿优先区

碳吸收功能的补偿优先区主要分布于宝兴县西北部和东部区域(图 7-2)。随着保护目标由保护功能量的 10% 增加到 50%,补偿优先区在空间分布上呈现由中心向周围扩大的趋势。各级别优先区面积分别为 157km²、583km²、1014km²,占宝兴县总面积的 5%、19% 和 33%,对碳吸收功能保护比例达到 9%、34% 和 54%。随优先区的面积的增加,其对碳吸收功能的保护程度也随之增加,但单位面积的碳吸收功能未有明显改变。

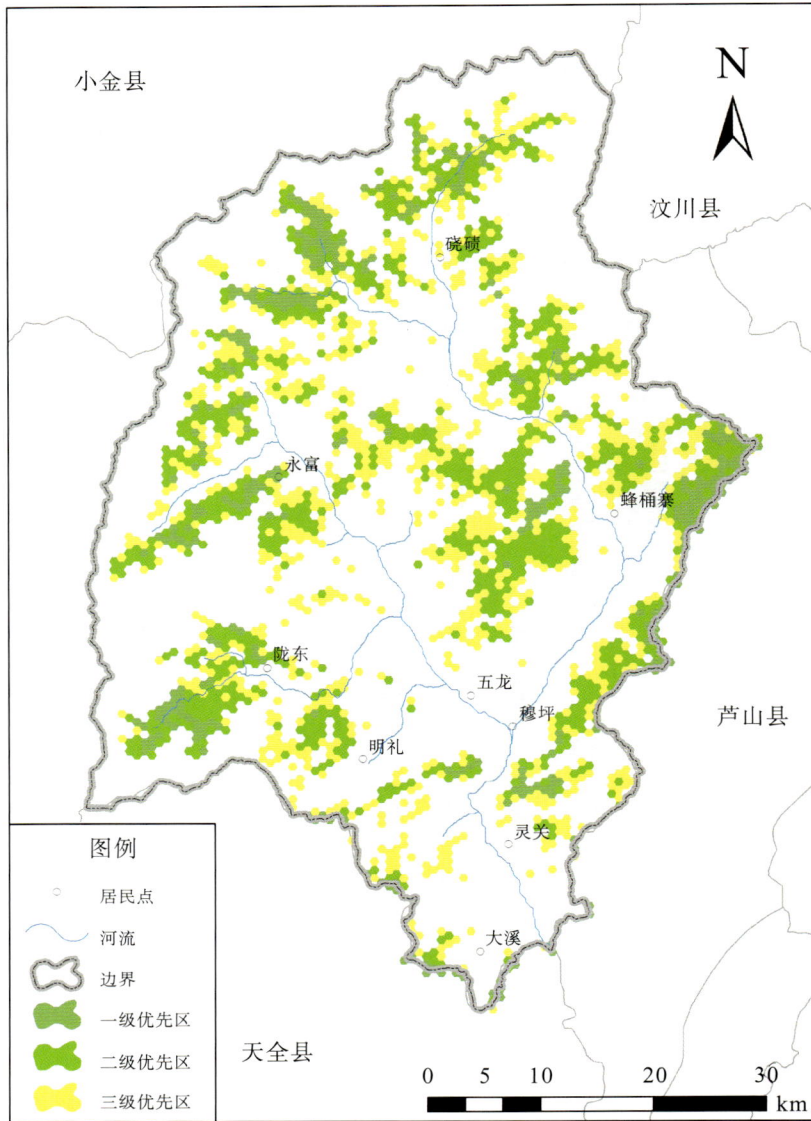

图 7-2　碳吸收功能补偿优先区

### 7.3.3　土壤保持功能补偿优先区

　　土壤保持功能的补偿优先区主要分布于宝兴县北部及西北部区域(图 7-3)。随着保护目标由保护功能量的 10％增加到 50％,补偿优先区在空间分布上呈现由中心向周围扩大的趋势。各级别优先区面积分别为 298km²、824km²、1322km²,占宝兴县总面积的 10％、26％和 42％,对土壤保持功能保护比例达到 9％、28％和 46％。随优先区的面积的增加,其对土壤保持功能的保护程度也随之增加,但单位面积的土壤保持效率未有明显改变。

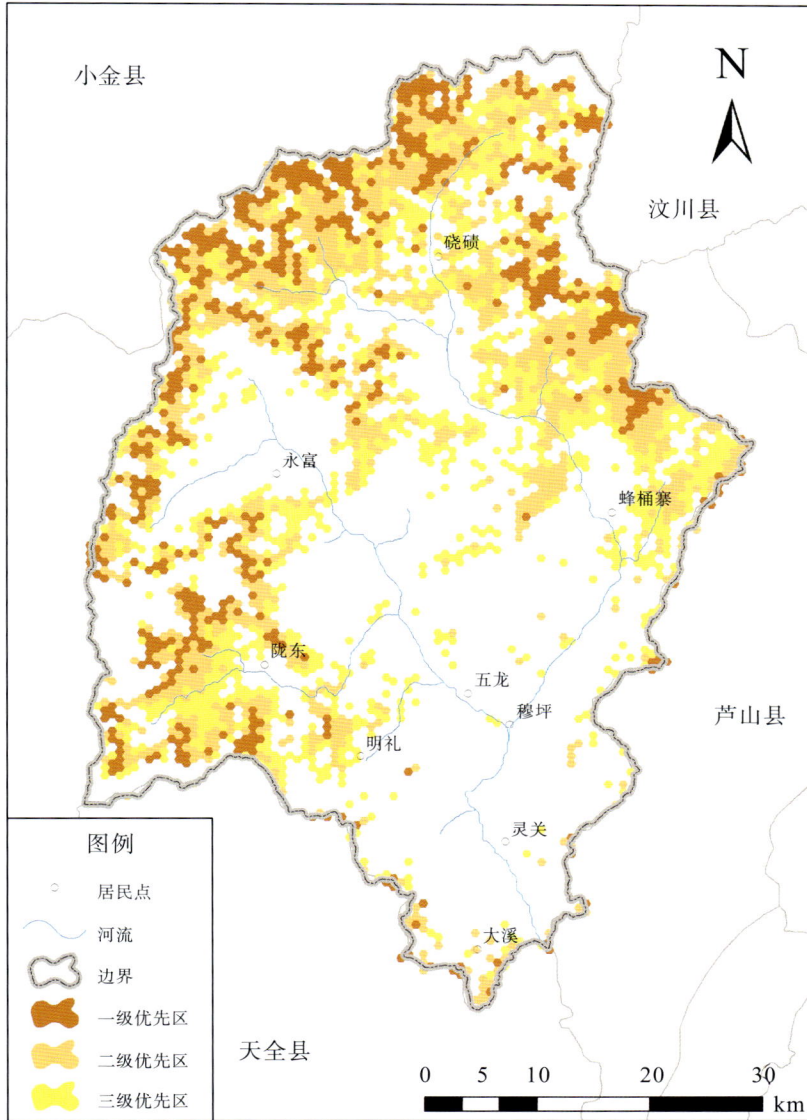

图 7-3   土壤保持补偿优先区

## 7.3.4   生物多样性补偿优先区

生物多样性价值的补偿优先区主要分布于宝兴县西北部及东部区域(图 7-4)。在空间分布上,保护目标分别为 10%、30% 和 50% 的优先区呈现出从中心向周围扩大的趋势。三个级别的优先区所占面积分别为 106km²、404km² 和 768km²,占宝兴县总面积的 3%、13% 和 25%,对生物多样性价值的保护比例达到 8%、34% 和 59%。虽然随着优先区面积的扩大,其对生物多样性价值保护比例也在增加,但单位面积的生物多样性价值未有明显改变。

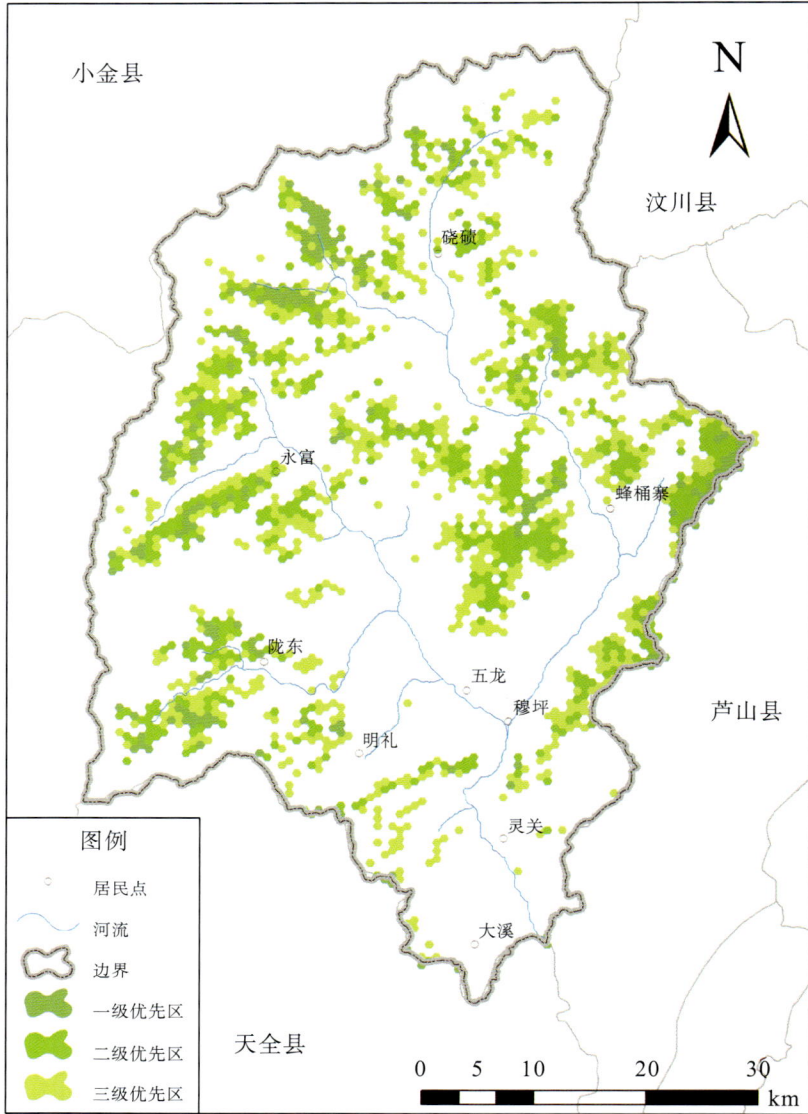

图 7-4　生物多样性价值补偿优先区

## 7.3.5　生态系统服务功能综合价值补偿优先区

　　基于低综合价值的补偿优先区主要分布于宝兴西北部及东部（图 7-5）。在空间分布上，保护目标分别为 10％、30％和 50％的优先区呈现出从中心向周围扩大的趋势。三个级别的优先区所占面积分别为 112km²、438km² 和 656km²，占宝兴县总面积的 4％、14％和 21％，对生态系统服务综合低价值的保护比例达到 9％、36％和 50％。

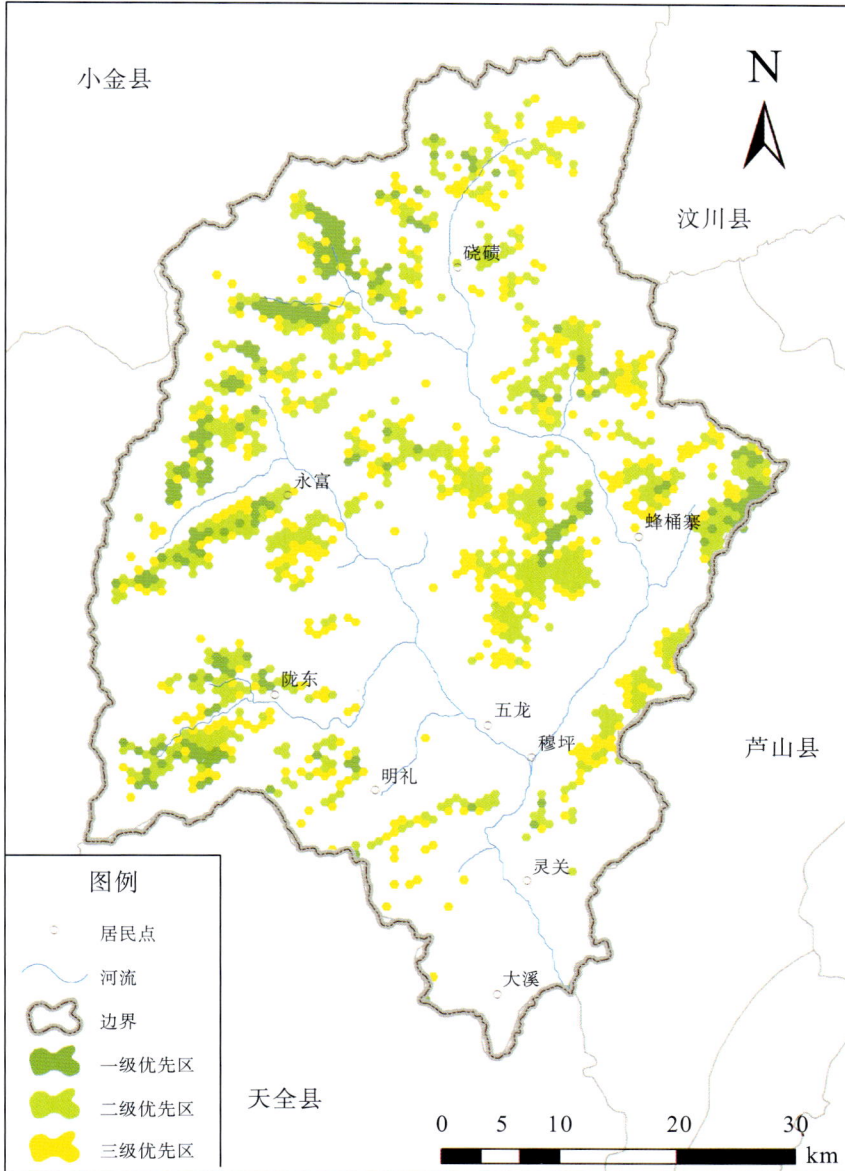

图 7-5　流域综合补偿优先区（低价值方案）

　　基于高综合价值的补偿优先区在宝兴各区域均有大面积分布（图 7-6）。在空间分布上，保护目标分别为 10%、30% 和 50% 的优先区呈现出从中心向周围扩大的趋势。三个级别的优先区所占面积分别为 385km² 、877km² 和 1513km² ，占宝兴县总面积的 12%、28% 和 49%，对生态系统服务综合高价值的保护比例达到 14%，31% 和 52%。

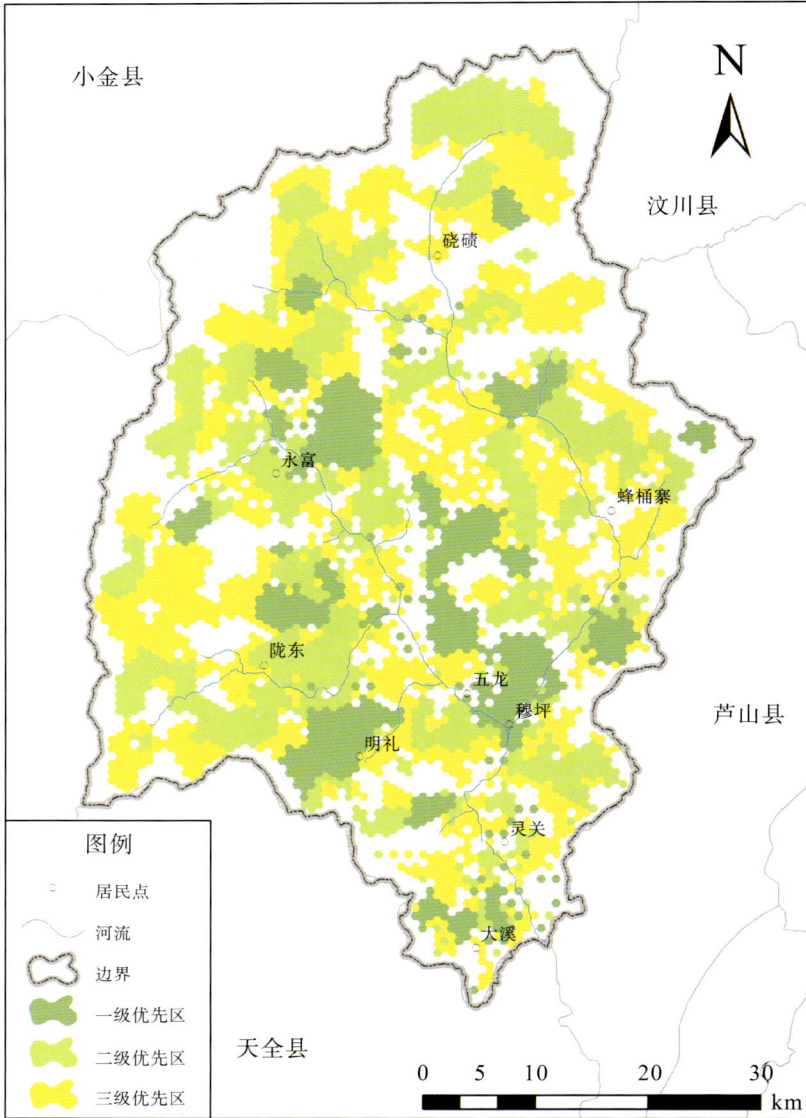

图 7-6　流域综合补偿优先区（高价值方案）

　　通过上述分析发现，本书识别出的优先区基本能满足各服务功能的保护目标。同时，选取的区域均是生态系统服务功能量和价值高且保护成本低的区域。在实施补偿时，对选取的区域进行优先补偿，在一定程度上可提高生态补偿的效率。

# 第 8 章　结论与建议

本章从宝兴县生态服务价值、生态补偿成本、生态补偿标准、受偿和支付意愿以及补偿优先区对评估结果进行了总结。随后，针对宝兴县的实际情况，对生态补偿的实施提出了建议。最后，对生态补偿研究进行了展望。

## 8.1　结论

项目采用生态服务功能评估模型，对宝兴县关键生态系统服务—水源涵养、土壤保持、碳吸收和生物多样性进行了评价。基于成本—价值理论，提出生态补偿的成本构成包括保护成本、环境成本和机会成本。利用地理信息系统，开发了生态补偿成本空间化评估模型，采用宝兴县林业、环保、农业等部门的统计资料，对生态补偿成本进行了空间制图。通过权衡生态服务价值和生态补偿的成本构成，提出了按生态系统服务、生态系统类型和生态保护地的补偿标准。然后根据问卷调查，分析了农户的受偿意愿，城镇居民的支付意愿和支付能力。最后采用最大熵 Marxan 模型，提出了不同保护目标下的生态补偿优先区，为宝兴实施生态补偿提供了可行性的方案。项目主要结论如下。

**1. 生态服务价值**

采用水量平衡模型评价了生态系统水源涵养功能，采用水资源费、2010 年水价和 2015 年水价分别计算水源涵养价值，总量为 1.46 亿元、7.11 亿元和 12.06 亿元，单位面积水源涵养价值分别为 468.64 元/hm²、2284.64 元/hm² 和 3874.13 元/hm²。

土壤保持功能采用美国通用土壤流失方程评估，从防止养分流失、防止土地废弃和防止水电站停机三个方面计算价值，价值总量分别是 3486.21 万元、467.62 万元和 1.34 亿元，单位面积服务价值分别为 111.95 元/hm²、15.02 元/hm² 和 431.88 元/hm²。

碳吸收功能采用净初级生产力评估，使用碳交易价格计算价值，价值总量为 2.26 亿元，单位面积碳吸收服务价值为 726.32 元/hm²。

生物多样性服务价值采用大熊猫生境质量作为评价指标，得到价值总量为 30.83 亿元，单位面积生物多样性服务价值为 9899.81 元/hm²。

宝兴县四项关键生态服务价值总量为 46.89 亿元。其中水源涵养服务占 25.72%，土壤保持占 3.71%，碳吸收服务占 4.82%，生物多样性保护占 65.75%。

从生态系统角度看，单位面积森林生态服务价值为 14758.50~19244.60 元/hm²，总价值为 33.44 亿~43.60 亿元；单位面积草地生态服务价值为 2765.31~6145.52 元/hm²，价值总量为 1.10 亿～2.44 亿元；耕地生态服务价值密度为 2452.42～4514.41 元/hm²，价值总量为 0.21 亿～0.39 亿元。

**2. 生态补偿成本**

将生态补偿成本划分为保护成本、环境成本和机会成本。保护成本分草地和林地分别进行核算，采用适宜性和距离作为成本修正系数，计算出林地和草地保护成本为 3693.85 万元。

环境成本分为水环境成本和垃圾处理成本，其中水环境成本由农业面源污染处理成本和生活污水处理成本构成。面源污染处理的环境成本为 1.21 亿元，生活污水处理的环境成本为 186.73 万元，水环境成本为 1.23 亿元，垃圾处理的环境成本为 327.20 万元，宝兴县每年的环境成本总量为 1.26 亿元。

机会成本从种植和养殖两个方面进行分别计算，结果显示宝兴县生态系统的机会成本为每年 16.97 亿元，单位面积机会成本为 5450.52 元/hm²。

宝兴县生态补偿成本总量为 18.55 亿元，其中保护成本占 1.99%，环境成本为 6.52%，机会成本占 91.48%。

森林的平均补偿成本为 6550.38 元/hm²，总成本为 14.84 亿元；草地的平均补偿成本为 2385.18 元/hm²，总成本为 0.95 亿元；耕地的平均补偿成本为 18602.70 元/hm²，总成本为 1.61 亿元。

**2. 生态补偿标准**

为增加生态补偿标准的可行性，项目提出按生态服务类型、生态系统类型和生态保护区域分别制定补偿标准，以适用于不同的补偿计划。针对每种补偿计划，通过权衡价值和成本，得到多种具体的补偿方案，以便决策者根据需要选择适合自己的补偿标准。

按生态服务划分，水源涵养服务的平均补偿标准在 140.66～3801.71 元/hm²；土壤保持服务的平均补偿标准在 82.78～556.80 元/hm²；碳吸收服务的平均补偿标准在 227.58～725.30 元/hm²；生物多样性服务的平均补偿标准在 2007.49～8266.88 元/hm²；四项服务叠加后的流域保护补偿标准，在高价值情景下平均值 4624.04～12498.55 元/hm²，在低价值情景下，平均值为 4386.54～9539.77 元/hm²。

按生态系统类型划分，森林生态系统平均补偿标准在 3400.56～18412.00 元/hm²；草地生态系统平均补偿标准在 1153.05～5043.58 元/hm²；农田生态系统平均补偿标准为 1842.76～4081.14 元/hm²。

按保护地域范围划分，四川省大熊猫世界遗产地平均补偿标准 3470.24～12805.40 元/hm²，蜂桶寨自然保护区平均补偿标准 5415.83～15084.50 元/hm²，饮用水水源地补偿标准为 484.50 元/hm²。

**4. 生态补偿优先区**

利用最大熵 Marxan 模型分别设置 10%、30% 和 50% 的保护目标下，识别了生态补偿的优先区，其中水源涵养和土壤保持补偿的优先区并不突出，优先区的补偿效率略高于全县水平，而碳吸收和生物多样性保护的补偿优先区较为突出，以 3% 的面积提供了 10% 的保护价值。流域综合保护的补偿优先区与生物多样性保护的优先区一致，主要分布在县域西北部中高山区。

**5．生态补偿的意愿分析**

采用参与式农户调查，在宝兴县每个乡镇选择两个村开展农户问卷调查，共得到有效问卷 153 份，结果显示：农户对生态补偿接受程度高，期望的生态补偿标准与提出的标准接近，林地、草地和耕地的期望标准分别为 11980.5 元/hm²、6202.5 元/hm² 和 7081.5 元/hm²。支付意愿调查结果表明，多数人支持生态补偿，但不愿意由个人进行支付。

## 8.2 建议

根据对宝兴县关键生态系统服务价值和成本的评估，我们认为宝兴县已经具有开展多种生态补偿的良好基础，如果能尽快开展生物多样性补偿、水电开发补偿等试点，不仅能有效推动宝兴的县域经济发展，更为重要的是为西部山区的生态文明建设探索出新的途径。具体的补偿工作应从以下方面开展。

**1．补偿重点**

根据价值评估结果，宝兴县主要的生态服务是生物多样性保护，其价值占总价值的比例为 65.63%，因此补偿的重点应该是生物多样性保护，补偿的主体应该是国家。

**2．补偿方式**

从成本核算看，机会成本占据了很重要的比例，在一些地块，机会成本甚至超过了生态服务的价值，因此需要对补偿方式进行优化，在高机会成本地块上不宜进行生态补偿，应通过对低机会成本地块的补偿，引导农户科学管理高机会成本地块，从而直接获得机会成本的收益。

**3．补偿标准**

由于价值和成本的多样性，补偿标准也存在不同的类别和级别。不同的补偿目的可以根据需要选择不同的补偿标准。

**4．补偿范围**

根据优先区的划分结果，补偿范围可以按不同的补偿目标和实际的支付能力进行确定，从而提高补偿的效率。针对县域的生态补偿与对生态系统的补偿有一定区别，主要是在县域中存在集中的生活污染排放，包括固体垃圾与生活污水，为保障下游的环境质量，这部分需要进行治理，但是治理的费用应该通过补偿的方式获得。此外，在面源污染治理的成本核算中的包括了居民点的 TN 和 TP 的排放部分，这与居民生活污水的处理并不重复，因为后者主要针对 COD 等指标，因此，也应纳入县域补偿的范围。对于生态系统的补偿，林地、草地等自然生态系统相对清楚，农田生态系统的补偿存在一定争议。耕地的面源污染补偿放在生态系统补偿中。

**5. 补偿单元**

考虑到交易成本的问题，建议首先以村或小流域为单元开展补偿。

**6. 补偿意愿**

农户的受偿意愿主要依据机会成本，但下游的支付意愿并不强烈，并且支付能力也有限。因此，宝兴的生态补偿主要以国家投入为主，应加大中央财政转移支付的力度，同时可以启动水电开发生态补偿的试点。

# 8.3　研究展望

本书以县域为尺度对宝兴县的生态补偿标准进行了研究，基本理清了补偿需要考虑的核心问题，即服务价值与补偿成本的关系。但是由于对生态补偿的认识的不断深入，现有的研究仅是目前条件下的一个成果，未来还有更为复杂的问题需要进行研究解决。

**1. 市场补偿与政府补偿结合**

目前，我国的生态补偿以政府补偿为主，如何在政府补偿中引入市场化机制是一个需要解决的问题。这方面美国的土地休耕计划可以作为参考，其核心思想是依据土地市场供求关系确定租金率，然后由政府与农户谈判确定实际的租金，签订合同。在美国的土地休耕计划中，充分利用了市场机制来进行公共物品的生产和提供，并且利用市场机制提供的信息不断调整该计划。

**2. 生态补偿与城镇化**

城镇化是推动当前中国社会发展的最重要的因素，被世界银行认为是影响未来全球的重大事件之一。城镇化带来人员和资源要素的流动将重新塑造区域发展的格局，也会对不同区域产生不同的生态环境影响。这种后果可能与生态补偿的目的一致。因此，城镇化可以视为推动生态补偿的一种重要途径。把城镇化与生态补偿进行结合，不仅可能提高生态补偿的效率，有效促进生态补偿的实施，同时将对区域可持续发展产生重要影响。

**3. 成本的准确核算**

现有的成本核算相对比较粗糙，需要利用环境会计的理论和方法对成本进行较为准确的核算。此外，生态补偿的成本中还包括交易成本。交易成本不是生态补偿的内容，但是影响补偿的实施。当需要将交易成本控制在一定比例下时，需要对补偿的范围和精度进行重新确定，这就影响了整个补偿机制的设计。

在环境成本中，不同的污染物类型和浓度都对成本产生影响，而用污水处理的成本进行计算无法体现这种差异。但当前的污水处理均是综合性的，单独针对某种污染物的处理工艺和技术都还没有广泛的应用。

# 参考文献

［1］ 万秋山. 可持续发展的奥地利林业及其对我国的启示［J］. 中国环境管理干部学院学报，2005：5-8.

［2］ 陈钦. 公益林生态补偿研究［M］. 北京：中国林业出版社，2006.

［3］ 王世进，焦艳. 国外森林生态效益补偿制度及其借鉴［J］. 生态经济，2011：69-73.

［4］ 王登举. 日本的森林生态效益补偿制度及最新实践［J］. 世界林业研究，2005，18：65-70.

［5］ 黄晓玲，林群，王灿雄，等. 世界私有林补贴制度形成过程纵向分析［J］. 世界林业研究，2008，21：3-7.

［6］ 费世民，彭镇华，周金星，等. 关于森林生态效益补偿问题的探讨［J］. 林业科学，2004，40：171-179.

［7］ 吴水荣，马天乐，赵伟. 森林生态效益补偿政策进展与经济分析［J］. 绿色中国，2001：20-23.

［8］ 蔡雪晶. 政府投资营造林项目监管的经验借鉴及体系构建分析［J］. 现代经济信息，2014：10-11.

［9］ 吴水荣，顾亚丽. 国际森林生态补偿实践及其效果评价［J］. 世界林业研究，2009：11-16.

［10］ 张洪明，余键. 欧美国家退耕还林还草实践［J］. 四川林勘设计，2014：54-58.

［11］ 张建肖，安树伟. 国内外生态补偿研究综述［J］. 西安石油大学学报（社会科学版），2009：23-28.

［12］ 孔凡斌. 生态补偿机制国际研究进展及中国政策选择［J］. 中国地质大学学报：社会科学版，2010，10：1-5.

［13］ 高彤，杨姝影. 国际生态补偿政策对中国的借鉴意义［J］. 环境保护，2006：71-76.

［14］ 邢祥娟，王焕良，刘璨. 美国生态修复政策及其对我国林业重点工程的借鉴［J］. 林业经济，2008：69-75.

［15］ 壮歌德. 流域生态补偿机制（PES）国外案例［J］. 世界环境，2016：76-78.

［16］ 冯俏彬，雷雨恒. 生态服务交易视角下的我国生态补偿制度建设［J］. 财政研究，2014：11-14.

［17］ 张兴奇，黄贤金. 日本琵琶湖的保护管理模式及对江苏省湖泊保护管理的启示［J］. 资源科学，2006，28：39-45.

［18］ 姜亦华. 日本的水资源管理及借鉴［J］. 生态经济，2010：178-181.

［19］ 万本太，邹首民. 走向实践的生态补偿：案例分析与探索［M］. 北京：中国环境科学出版社，2008.

［20］ 吕晋. 国外水源保护区的生态补偿机制研究［J］. 中国环保产业，2009：64-67.

［21］ 任世丹，杜群. 国外生态补偿制度的实践［J］. 环境经济，2009：34-39.

［22］ 汪洁，马友华，栾敬东，等. 美国农业面源污染控制生态补偿机制与政策措施［J］. 生态经济：学术版，2010：159-163.

［23］ 赵玉山，朱桂香. 国外流域生态补偿的实践模式及对中国的借鉴意义［J］. 世界农业，2008：14-17.

［24］ 樊万选，方珺. 国外流域生态补偿对我国区域经济平衡协调发展的启示与借鉴［J］. 创新科技，2013：8-10.

［25］ 何沙，邓璨. 国外生态补偿机制对我国的启发［J］. 西南石油大学学报：社会科学版，2010，3：66-69.

［26］ 宋红丽，薛惠锋，董会忠. 流域生态补偿支付方式研究［J］. 环境科学与技术，2008，31：144-147.

［27］ 周映华. 流域生态补偿及其模式初探［J］. 四川行政学院学报，2007：82-85.

［28］ 张志强，程莉，尚海洋，等. 流域生态系统补偿机制研究进展［J］. 生态学报，2012，32：6543-6552.

［29］ 程琳琳，胡振琪，宋蕾. 我国矿产资源开发的生态补偿机制与政策［J］. 中国矿业，2007，16：11-13.

［30］ 胡振琪，赵艳玲，毕银丽. 美国矿区土地复垦［J］. 中国土地，2001，6：43-44.

［31］ 彭诗言. 国际生态服务付费的经验借鉴［J］. 前沿，2011：196-200.

［32］ 徐桂兰，朱志光，曹琳. 欧盟及其成员国环境经济政策与实践［J］. 科协论坛：下半月，2012：120-121.

［33］ 王莹. "十二五"时期应进一步完善生态补偿机制［J］. 中国经贸导刊，2010，21：20-22.

［34］ 卢艳丽，丁四保. 国外生态补偿的实践及对我国的借鉴与启示［J］. 世界地理研究，2009，18：161-168.

［35］ 何英，张小全，刘云仙. 中国森林碳汇交易市场现状与潜力［J］. 林业科学，2007，43：106-111.

［36］ 林德荣，李智勇，支玲. 森林碳汇市场的演进及展望［J］. 世界林业研究，2005，18：1-5.

［37］ 夏丽娜，肖彦利，倪柏春，等. 论森林碳汇市场的产生与发展［J］. 林业勘查设计，2008，2：10-12.

［38］ 郭平，蒋秀兰，贾文学. 国外关于生态补偿的研究综述［J］. 石家庄铁道大学学报（社会科学版），2015，1：012.

［39］ 刘冰，龚维，宫文宁，等. 三北防护林体系建设面临的机遇和挑战［J］. 生态学杂志，2009，28（9）：1679-1683.

［40］ Helms J. Brief history of the USDA Soil Bank Program［J］. Historical Insights，1985（1）：1-3.

［41］ 鲍锋，延军平，孙虎. 高寒农牧交错区退耕还林政策实施效应评价［J］. 水土保持研究，2008，15：151-155.

［42］ 吴涛，彭道黎，谢晨，等. 退耕还林政策10年评价——退耕还林工程社会经济效益监测大学生农户问卷调查总报告［J］. 经济研究参考，2011，67：11-37.

［43］ 支玲，李怒云，田治威，等. 西部退耕还林工程社会影响评价——以会泽县，清镇市为例［J］. 林业科学，2004，40：2-11.

［44］ 于金娜，姚顺波. 西北地区三北防护林建设综合效益分析［J］. 现代经济：现代物业中旬刊，2010：13-15.

［45］ 王英魁. 阿荣旗三北防护林工程建设技术与投资效益分析［J］. 现代农业科技，2012，6：147.

［46］ Gouyon A. Rewarding the upland poor for environmental services：a review of initiatives from developed countries［J］. World Agroforestry Centre（ICRAF），Bogor，Indonesia，2003.

［47］ 李果仁. 国外生态补偿政策的借鉴与启示［J］. 中国财政，2009，13：039.

［48］ 李海燕，蔡银莺. 主体功能区农田生态补偿的农户受偿意愿分析——以重点开发，农产品主产和生态功能区为实证［J］. 农业现代化研究，2016，37：123-129.

［49］ 张媛，支玲. 我国森林生态补偿标准问题的研究进展及发展趋势［J］. 林业资源管理，2014：15-20.

［50］ 马宏薇，吴相利. 森林生态补偿标准研究——以伊春市为例［J］. 哈尔滨师范大学自然科学学报，2014：110-113.

［51］ 李文华，李世东，李芬，等. 森林生态补偿机制若干重点问题研究［J］. 中国人口·资源与环境，2007，17：13-18.

［52］ 李澜涛. 海原县天然林保护工程的问题及对策［J］. 北京农业：下旬刊，2014：94-95.

［53］ 刘兴元. 草地生态补偿研究进展［J］. 草业科学，2012，29：306-313.

［54］ 刘兴元，尚占环，龙瑞军. 草地生态补偿机制与补偿方案探讨［J］. 草地学报，2010，18：126-131.

［55］ 刘兴元，龙瑞军. 藏北高寒草地生态补偿机制与方案［J］. 生态学报，2013，33：3404-3414.

［56］ 马爱慧，蔡银莺，张安录. 耕地生态补偿实践与研究进展［J］. 生态学报，2011，31（8）：2321-2330.

［57］ 杜玲，陈阜，张海林，等. 基于博弈论模型的北京市农田生态补偿政策研究［J］. 中国农业大学学报，2010，15：89-94.

［58］ 方斌，王雪禅，魏巧巧. 以土地利用为视角的农田生态补偿理论框架构建［J］. 东北农业大学学报，2013：98-104.

［59］ 李林，石晓平，陈姝洁. 江苏省苏州市耕地生态补偿政策［J］. 北京农业：下旬刊，2015：267-268.

［60］ 方丹. 重庆市耕地生态补偿研究［D］. 重庆：西南大学，2014.

［61］ 马爱慧. 耕地生态补偿及空间效益转移研究［D］. 武汉：华中农业大学，2011.

［62］ 陈雷. 水电与国家能源安全战略［J］. 中国三峡，2010：5-7.

［63］ 王欢，魏立超，邱元. 岷江上游水电开发对生态环境的影响及治理措施探讨［J］. 科技致富向导，2011：58-58.

［64］ 卢红伟. 水电开发与生态环境保护［J］. 四川水力发电，2005，24：105-106.

［65］ 陈雪. 水电开发的生态补偿理论与应用研究［D］. 成都：西南交通大学，2010.

［66］ 文琦. 中国矿产资源开发区生态补偿研究进展［J］. 生态学报，2014，34：6058-6066.

［67］ 丁岩林，李国平. 我国矿产资源开发生态补偿政策演进与展望［J］. 环境经济，2012（03）：47-54.

［68］ 张亚冉. 我国矿产资源生态补偿中存在的问题及其建议［J］. 魅力中国，2010，3：124.

［69］ 李国平，李潇. 国家重点生态功能区转移支付资金分配机制研究［J］. 中国人口·资源与环境，2014，24：124-130.

［70］ 刘军民. 财政转移支付生态补偿的基本方法与比较［J］. 环境经济，2011：46-48.

［71］ 闵庆文，甄霖，杨光梅. 自然保护区生态补偿研究与实践进展［J］. 生态与农村环境学报，2007，23（1）：81-84.

［72］ 李坤，陈艳霞，陈丽娟，等. 国内自然保护区生态补偿机制研究进展［J］. 黑龙江农业科学，2011：133-136.

［73］ 李果，罗遵兰，赵志平，等. 自然保护区生态补偿体系研究［J］. 环境与可持续发展，2015，40：52-56.

［74］ 安定明，张利雅. 中国世界遗产地旅游环境分析及其对策［J］. 中国科技信息，2008：305-306.

［75］ 冷志明，麻先俊. 我国世界自然遗产的保护与利用［J］. 经济地理，2009，29：668-672.

［76］ 段锦，李玉辉. 云南石林世界遗产地生态资产评估与补偿研究［J］. 资源科学，2010（04）：752-760.

［77］ 李雪松，李婷婷. 南水北调中线工程水源地市场化生态补偿机制研究［J］. 长江流域资源与环境，2014，23：66.

［78］ 贺永华. 浙江流域生态补偿探索与实践［J］. 浙江经济，2015：58-59.

［79］ 沈大军，祝永华，俞建军，等. 浙江省水权制度建设与实践［J］. 中国水利，2006：3-5.

［80］ 崔嘉文，张琳，侯君. 密云水库上游地区生态补偿现状分析——以河北省丰宁满族自治县为例［J］. 河北农业科学，2014，18：89-92.

［81］ 林惠凤，刘某承，熊英，等. 流域水资源保护补偿标准研究——以京冀"稻改旱"工程为例［J］. 干旱区资源与环境，2016：7-12.

［82］ 张家荣. 南水北调中线商洛水源地生态补偿标准研究［J］. 中国水土保持，2014（2）：51-53.

［83］ 阮本清，许凤冉，张春玲. 流域生态补偿研究进展与实践［J］. 水利学报，2008，39（10）：1220-1225.

［84］ 程滨，田仁生，董战峰. 我国流域生态补偿标准实践，模式与评价［J］. 生态经济，2012，4：24-29.

［85］ 麻智辉，高玫. 跨省流域生态补偿试点研究——以新安江流域为例［J］. 企业经济，2013，7：034.

［86］ 马庆华，杜鹏飞. 新安江流域生态补偿政策效果评价研究［J］. 中国环境管理，2015，7：63-70.

［87］ 郭辉军，施本植，华朝朗. 自然保护区生态补偿的标准与机制研究——以云南省为例［J］. 云南社会科学，2013：139-144.

［88］ 苗丽娟，于永海，索安宁，等. 确定海洋生态补偿标准的成本核算体系研究［J］. 海洋开发与管理，2013，30：68-71.

［89］ 王健. 我国生态补偿机制的现状及管理体制创新［J］. 中国行政管理，2007，11：87-91.

［90］ 王世进，黄英. 完善我国森林生态效益补偿制度的若干思考［J］. 林业调查规划，2006，31：137-141.

［91］ 秦艳红，康慕谊. 国内外生态补偿现状及其完善措施［J］. 自然资源学报，2007，22：557-567.

［92］ 谢剑斌，何承耕，钟全林. 生态补偿空间选择与分配的重要性及研究动态［J］. 亚热带资源与环境学报，2013，8：29-34.

［93］ 冯艳芬，王芳，杨木壮. 生态补偿标准研究［J］. 地理与地理信息科学，2009，25：84-88.

［94］ 周子贵. 公益林分类补偿的实践与思考［J］. 浙江林业，2014：30-31.

［95］ 李贤. 德钦县生态公益林管理现状与对策［J］. 林业调查规划，2013，38：42-45.

［96］ 禹朝文，鲁定伟，蒋莹，等. 昌宁县生态公益林管理现状及经营措施［J］. 防护林科技，2015：119-121.

［97］ 谭秋成. 关于生态补偿标准和机制［J］. 中国人口·资源与环境，2009，19（6）：1-6.

［98］ 李怀恩，尚小英，王媛. 流域生态补偿标准计算方法研究进展［J］. 西北大学学报：自然科学版，2009，39（4）：667-672.

［99］ 冯东方，任勇，俞海，等. 我国生态补偿相关政策评述［J］. 环境保护，2006：38-43.

［100］ 蔡银莺，张安录. 消费者需求意愿视角下的农田生态补偿标准测算——以武汉市城镇居民调查为例［J］. 农业技术经济，2011（6）：43-52.

［101］ Assessment M E. Ecosystems and human well-being［M］. Washington，DC：Island press，2005.

[102] 赵润，董云仙，谭志卫. 水生态系统服务功能价值评估研究综述[J]. 环境科学导刊，2014，33：33-39.

[103] Alcamo J，Ash N，Butler C，et al. Ecosystems and human well-being：A framework for assessment[M]. Washington，D C：Island Press，2003.

[104] Nelson E，Mendoza G，Regetz J，et al. Modeling multiple ecosystem services，biodiversity conservation，commodity production，and tradeoffs at landscape scales[J]. Frontiers in Ecology and the Environment，2009，7：4-11.

[105] Fisher B，Turner R K，Burgess N D，et al. Measuring，modeling and mapping ecosystem services in the Eastern Arc Mountains of Tanzania[J]. Progress in Physical Geography，2011，35(5)：595-611.

[106] Goldstein J H，Caldarone G，Duarte T K，et al. Integrating ecosystem-service tradeoffs into land-use decisions [J]. Proceedings of the National Academy of Sciences，2012，109(19)：7565-7570.

[107] Kareiva P，Tallis H，Ricketts T H，et al. Natural capital：theory and practice of mapping ecosystem services [M]. Oxford：Oxford Uniuersity Press，2011.

[108] 马良，金陶陶，文一惠，等. InVEST 模型研究进展[J]. 生态经济，2015，31：126-131.

[109] 傅斌，徐佩，王玉宽，等. 都江堰市水源涵养功能空间格局[J]. 生态学报，2013，33：789-797.

[110] 潘韬，吴绍洪，戴尔阜，等. 基于 InVEST 模型的三江源区生态系统水源供给服务时空变化[J]. 应用生态学报，2013，24：183-189.

[111] 周彬，余新晓，陈丽华，等. 基于 InVEST 模型的北京山区土壤侵蚀模拟[J]. 水土保持研究，2010，17：9-13.

[112] Salzman J. Creating markets for ecosystem services：notes from the field[J]. Nex York University Law Review，2005，80(3)：870-961.

[113] Wolff S，Schulp C，Verburg P. Mapping ecosystem services demand：A review of current research and future perspectives[J]. Ecological Indicators，2015，55：159-171.

[114] 刘菊，傅斌，王玉宽，等. 关于生态补偿中保护成本的研究[J]. 中国人口・资源与环境，2015，3：006.

[115] 李彩红. 水源地生态补偿标准核算研究[J]. 济南大学学报：社会科学版，2012，22：58-61.

[116] 史晓燕，胡小华，邹新，等. 东江源区基于供给成本的生态补偿标准研究[J]. 水资源保护，2012，28：77-81.

[117] 杨光梅，闵庆文，李文华，等. 我国生态补偿研究中的科学问题[J]. 生态学报，2007，10.

[118] 巩芳，长青，王芳，等. 内蒙古草原生态补偿标准的实证研究[J]. 干旱区资源与环境，2011，25：151-155.

[119] Wunscher T，Engel S，Wunder S. Payments for environmental services in Costa Rica：increasing efficiency through spatial differentiation[J]. Quarterly Journal of International Agriculture，2006，45(4)：319-338.

[120] 冯思静. 煤炭资源型城市生态补偿研究[D]. 阜新：辽宁工程技术大学，2010.

[121] 李金昌. 生态价值论. 重庆：重庆大学出版社，1999.

[122] 林奥京. 生态效益补偿标准的计量方法及其应用研究[D]. 北京：北京林业大学，2011.

[123] 刘桂环，文一惠，张惠远. 流域生态补偿标准核算方法比较[J]. 水利水电科技进展，2011，31：1-6.

[124] 乌力吉，徐劲草，许新宜，等. 流域生态补偿机制制定方法研究[J]. 北京师范大学学报（自然科学版），2012，6：017.

[125] 左光栋. 山区河流引水式电站水库泥沙淤积及电站引水防沙问题研究[D]. 重庆：重庆交通大学，2009.

[126] 景联国. 宝兴县天然林资源保护和退耕还林工程建设成效浅析[J]. 四川林勘设计，2010，3：70-71.

[127] 张一平，王馨，刘文杰. 热带森林林冠对降水再分配作用的研究综述[J]. 福建林学院学报，2004(3)：274-282.

[128] 程驰，牟瑞芳. 九寨沟森林生态系统水源涵养量计算分析[J]. 河南科技大学学报：自然科学版，2007，28：69-72.

[129] 赵建兰. 济南市南部山区生态系统服务功能价值研究[D]. 济南：山东师范大学，2007.

[130] 刘世荣，孙鹏森，温远光. 中国主要森林生态系统水文功能的比较研究（英文）[J]. 植物生态学报，2003（01）：16-22.

[131] 陈严武，史正涛，曾建军，等. 水源地不同林分水源涵养功能评价[J]. 干旱区资源与环境，2015：67-74.

[132] 喻阳华，李光容，皮发剑，等. 赤水河上游主要森林类型水源涵养功能评价[J]. 水土保持学报，2015，29：150-156.

[133] 余新晓，周彬，吕锡芝，等. 基于 InVEST 模型的北京山区森林水源涵养功能评估[J]. 林业科学，2012，48：1-5.

[134] Zhang L，Dawes W R，Walker G R. Response of mean annual evapotranspiration to vegetation changes at catchment scale[J]. Water Resources Research，2001，37：701-708.

[135] 李文华. 生态系统服务功能价值评估的理论，方法与应用[M]. 中国人民大学出版社，2008.

[136] 庞靖鹏，徐宗学，刘昌明，等. 基于 GIS 和 USLE 的非点源污染关键区识别[J]. 水土保持学报，2007，21：170-174.

[137] 宋建锋，顾圣华，杨二，等. 上海市土壤侵蚀模数的研究与确定[J]. 中国水土保持，2013：42-45.

[138] 胡胜，曹明明，刘琪，等. 不同视角下 InVEST 模型的土壤保持功能对比[J]. 地理研究，2015，33：2393-2406.

[139] 高海东，李占斌，李鹏，等. 梯田建设和淤地坝淤积对土壤侵蚀影响的定量分析[J]. 地理学报，2012，67：599-608.

[140] Diodato N，Bellocchi G. MedREM，A rainfall erosivity model for the Mediterranean region[J]. Journal of Hydrology，2010，387(1)：119-127.

[141] Diodato N，Bellocchi G. Estimating monthly (R) USLE climate input in a Mediterranean region using limited data[J]. Journal of Hydrology，2007，345(3)：224-236.

[142] 章文波，付金生. 不同类型雨量资料估算降雨侵蚀力[J]. 资源科学，2003(1)：35-41.

[143] 谢云，章文波，刘宝元. 用日雨量和雨强计算降雨侵蚀力[J]. 水土保持通报，2001，21：53-56.

[144] Sharply A N，Williams J R. EPIC-erosion/productivity impact calculator：1. Model documentation[J]. Technical Bulletin-United States Department of Agriculture，1990.

[145] 黄炎和，卢程隆. 通用土壤流失方程在我国的应用研究进展[J]. 福建农学院学报，1993(01)：73-77.

[146] 马超飞，马建文. 基于 RS 和 GIS 的岷江流域退耕还林还草的初步研究[J]. 水土保持学报，2001，15：20-24.

[147] 才业锦. 重庆市水土保持措施效应及小流域治理范式评价[D]. 重庆：西南大学，2010.

[148] 王晗生，刘国彬. 植被结构及其防止土壤侵蚀作用分析[J]. 干旱区资源与环境，1999，13：62-68.

[149] 陈萍，蒋忠诚，覃小群. 桂江流域土壤侵蚀估算及其时空特征分析[J]. 中国岩溶，2014，33：473-482.

[150] 陆建忠，陈晓玲，李辉，等. 基于 GIS/RS 和 USLE 鄱阳湖流域土壤侵蚀变化[J]. 农业工程学报，2011，27：337-344.

[151] 刘得俊，李润杰，王文卿，等. 基于地理信息系统的西宁市土壤侵蚀监测的实现[J]. 水土保持研究，2006（05）：111-113，116.

[152] 孟安波，颜廷松，陈德新. 多泥沙河流水电站机组检修策略的探讨[J]. 水力发电，2007，33：47-49.

[153] 于维峰，郭之瑞. 我国多泥沙河流水轮机的抗磨蚀策略的探讨[J]. 科技风，2009.

[154] 翁友恒，王念奎. 森林生态系统碳循环研究进展[J]. 林业勘察设计，2010：43-46.

[155] 何栋材. 森林固碳效益的经济核算—以甘肃小陇山林区为例[J]. 干旱区资源与环境，2009，23：196-200.

[156] 冯宗炜，王效科，吴刚. 中国森林生态系统生物量和生产力. 北京：科学出版社，1999.

[157] 朴世龙，方精云，郭庆华. 利用 CASA 模型估算我国植被净第一性生产力[J]. 植物生态学报，2001(05)：603-608+644.

[158] 宗雪，崔国发，袁婧. 基于条件价值法的大熊猫（Ailuropoda melanoleuca)存在价值评估 [J]. 生态学报，2008

(05)：2090-2098.

[159] 杨芝歌，周彬，余新晓，等. 北京山区生物多样性分析与碳储量评估[J]. 水土保持通报，2012，32：42-46.

[160] 包玉斌，刘康，李婷，等. 基于 InVEST 模型的土地利用变化对生境的影响——以陕西省黄河湿地自然保护区为例[J]. 干旱区研究，2015，32：622-629.

[161] 段靖，严岩，王丹寅，等. 流域生态补偿标准中成本核算的原理分析与方法改进[J]. 生态学报，2010，30：221-227.

[162] Tallis H T，Ricketts T，Guerry A D. InVEST 2.4.1 User's Guide//Tallis HT，Ricketts T，Guerry AD：The Natural Capital Project，Stanford，2011.

[163] 梁常德，龙天渝，李继承，等. 三峡库区非点源氮磷负荷研究[J]. 长江流域资源与环境，2007(01)：26-30.

[164] 刘瑞民，杨志峰，丁晓雯，等. 土地利用/覆盖变化对长江上游非点源污染影响研究[J]. 环境科学，2006(12)：2407-2414.

[165] Fu B，Wang Y，Xu P，et al. Modelling nutrient retention function of ecosystem-a case study in Baoxing County，China[J]. Procedia Environmental Sciences，2012，13：111-121.

[166] 李晓光，苗鸿，郑华，等. 机会成本法在确定生态补偿标准中的应用——以海南中部山区为例[J]. 生态学报，2009，29(9)：4875-4883.

[167] 林波，谭支良，汤少勋，等. 草地生态系统载畜量与合理放牧率研究方法进展[J]. 草业科学，2008，25(8)：91-99.

[168] 杨丽韫，甄霖，吴松涛. 我国生态补偿主客体界定与标准核算方法分析[J]. 生态经济（学术版），2010，1：299-301.

[169] 中国生态补偿机制与政策研究课题组. 中国生态补偿机制与政策研究[M]. 北京：科学出版社，2007.

[170] Wünscher T，Engel S，Wunder S. Spatial targeting of payments for environmental services：a tool for boosting conservation benefits[J]. Ecological economics，2008，65(4)：822-833.

[171] 李婷，刘康，胡胜，等. 基于 InVEST 模型的秦岭山地土壤流失及土壤保持生态效益评价[J]. 长江流域资源与环境，2014，23：1242.

[172] 高江波，周巧富，常青，等. 基于 GIS 和土壤侵蚀方程的农业生态系统土壤保持价值评估[J]. 北京大学学报（自然科学版），2009，45.

[173] 鲁绍伟，靳芳，余新晓，等. 中国森林生态系统保护土壤的价值评价[J]. 中国水土保持科学，2005，3：16-21.

[174] 陈雅如，康慕谊，宋富强. 延安市退耕还林前后土壤保持功能价值评估[J]. 北京林业大学学报，2013，35：67-73.

[175] 许联芳，张海波，张明阳，等. 南方丘陵山地带土壤保持功能及其经济价值时空变化特征[J]. 长江流域资源与环境，2015，24：1599-1605.

[176] 陈琳，欧阳志云，王效科，等. 条件价值评估法在非市场价值评估中的应用[J]. 生态学报，2006，26：610-619.

[177] 谢贤政，马中，李进华. 意愿调查法评估环境资源价值的思考[J]. 安徽大学学报：哲学社会科学版，2006，30：144-148.

[178] 张翼飞，刘宇辉. 城市景观河流生态修复的产出研究及有效性可靠性检验——基于上海城市内河水质改善价值评估的实证分析[J]. 中国地质大学学报：社会科学版，2007，7：39-44.

[179] 刘向华，马忠玉，刘子刚. 意愿调查法在环境经济评价中的应用探讨[J]. 生态经济，2005：36-38.

[180] 杨欣，蔡银莺. 基于农户受偿意愿的武汉市农田生态补偿标准估算[J]. 水土保持通报，2012，32：170-176.

[181] 王瑞雪. 耕地非市场价值评估理论方法与实践[D]. 武汉：华中农业大学，2005.

[182] Davis R K. Recreation planning as an economic problem[J]. Nat Resources，1963，3：239.

[183] 赵军，杨凯. 自然资源与环境价值评估：条件估值法及应用原则探讨[J]. 自然资源学报，2006，21：

834-843.

[184] 余亮亮，蔡银莺. 基于农户受偿意愿的农田生态补偿——以湖北省京山县为例[J]. 应用生态学报，2015，26：215-223.

[185] 陈传明. 闽西梅花山国家级自然保护区的生态补偿机制——基于当地社区居民的意愿调查[J]. 林业科学，2012，48：127-132.

[186] Claassen R，Cattaneo A，Johansson R. Cost-effective design of agri-environmental payment programs：US experience in theory and practice[J]. Ecological Economics，2008，65(4)：737-752.

[187] Del Saz-Salazar S，Hernández-Sancho F，Sala-Garrido R. The social benefits of restoring water quality in the context of the Water Framework Directive：A comparison of willingness to pay and willingness to accept[J]. Science of the Total Environment，2009，407(16)：4574-4583.

[188] Ebert U. Approximating WTP and WTA for environmental goods from marginal willingness to pay functions[J]. Ecological Economics，2008，66(2)：270-274.

[189] Loomis J，Kent P，Strange L，et al. Measuring the total economic value of restoring ecosystem services in an impaired river basin：results from a contingent valuation survey [J]. Ecological economics，2000，33(1)：103-117.

[190] Greenley D A，Walsh R G，Young R A. Economic benefits of improved water quality：Public perceptions of option and preservation values[J]. Bowker，Epping (UK)，1980.

[191] 彭晓春，刘强，周丽旋，等. 基于利益相关方意愿调查的东江流域生态补偿机制探讨[J]. 生态环境学报，2010，19：1605-1610.

[192] 冯庆，王晓燕，张雅帆，等. 水源保护区农村公众生活污染支付意愿研究[J]. 中国生态农业学报，2008，16：1257-1262.

[193] 乔旭宁，杨永菊，杨德刚. 渭干河流域生态系统服务的支付意愿及影响因素分析[J]. 中国生态农业学报，2012，20：1254-1261.

[194] Loomis J B，Walsh R G. Recreation economic decisions：comparing benefits and costs[M]. Venture Publishing Inc. ，1997.

[195] Mitchell R C，Carson R T. Using surveys to value public goods：the contigent valuation method[M]. Hopkins University Press，1989.

[196] 李晓光，苗鸿，郑华，等. 生态补偿标准确定的主要方法及其应用[J]. 生态学报，2009，29：4431-4440.

[197] 蔡银莺，张安录. 基于农户受偿意愿的农田生态补偿额度测算——以武汉市的调查为实证[J]. 自然资源学报，2011，26：177-189.

[198] Margules C R，Pressey R L. Systematic conservation planning[J]. Nature，2000，405(6783)：243-253.

[199] Margules C，Sarkar S，Margules C R. Systematic conservation planning [M]. Cambridge University Press，2007.

[200] 宋晓龙，李晓文，张明祥，等. 黄淮海地区湿地系统生物多样性保护格局构建[J]. 生态学报，2010：3953-3965.

[201] Pressey R L，Cabeza M，Watts M E，et al. Conservation planning in a changing world[J]. Trends in ecology & evolution，2007，22(11)：583-592.

[202] Polasky S. Why conservation planning needs socioeconomic data[J]. Proceedings of the National Academy of Sciences，2008，105(18)：6505-6506.